공무원 건축직

김현·차민휘 공편저

제1과목 건축구조
제2과목 건축계획

2026 최신판
박문각 공무원

시험 직전 최종 마무리!!

실전⊕동형 모의고사

9급 공무원 시험대비

각 **8** 회분

OMR카드 수록

구성과 특징
ANALYSIS

❶ 철저한 기출 분석을 바탕으로 한 실전 문제 수록

건축구조 8회분, 건축계획 8회분 총 16회의 실전 모의고사를 수록하여 다양한 문제 유형을 접할 수 있도록 구성하였습니다.

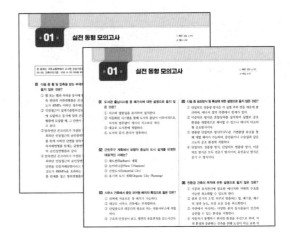

❷ 깔끔한 해설과 난이도 표시

모든 문항에 명확한 해설이 함께 제공되며, 각 문항의 난이도도 표시되어 있어 자신의 실력을 객관적으로 점검하고 약점을 파악하는 데 도움이 됩니다.

❸ 실전 감각을 키우는 OMR 카드 제공

실제 시험과 유사한 OMR 카드가 포함되어 있어 실전처럼 시간 관리 연습을 하며 훈련할 수 있습니다.

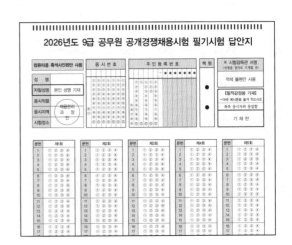

이 책의 차례
CONTENTS

공무원 건축직
실전◇동형 모의고사

건축구조

문제편

📖 빠른 정답 p.103
🖉 해설 p.66

본 문제는 국토교통부에서 고시한 건설기준코드(구조설계기준 : KDS 14 00 00, 건축구조기준 : KDS 41 00 00)에 부합하도록 출제함

01 다음 중 휨 및 압축을 받는 부재의 설계에 대한 설명으로 옳지 않은 것은?

① 휨 또는 휨과 축력을 동시에 받는 부재의 콘크리트 압축 연단의 극한변형률은 콘크리트의 설계기준압축강도가 40MPa 이하인 경우에는 0.0033으로 가정한다.

② 인장철근이 설계기준항복강도 f_y에 대응하는 변형률에 도달하고 동시에 압축 콘크리트가 가정된 극한변형률에 도달할 때, 그 단면이 균형변형률 상태에 있다고 본다.

③ 압축연단 콘크리트가 가정된 극한변형률에 도달할 때 최외단 인장철근의 순인장변형률 ε_t가 압축지배변형률 한계 이하인 단면을 압축지배단면이라고 한다. 압축지배변형률 한계는 균형변형률 상태에서 인장철근의 순인장변형률과 같다.

④ 압축연단 콘크리트가 가정된 극한변형률에 도달할 때 최외단 인장철근의 순인장변형률 ε_t가 0.004 이상인 단면을 인장지배단면이라고 한다. 다만, 철근의 항복강도가 400MPa을 초과하는 경우에는 인장지배변형률 한계를 철근 항복변형률의 2.0배로 한다.

02 건축구조기준(KDS)의 하중기준에서 정하고 있는 건축물의 기본등분포활하중의 용도별 최솟값을 가장 크게 적용하는 부분은?

① 특수용도 사무실
② 병원의 수술실
③ 판매장 중 창고형 매장
④ 체육시설 중 체육관 바닥, 옥외 경기장

03 건축구조물 설계하중에서 풍하중에 관련된 용어에 대한 설명으로 옳지 않은 것은?

① 지표면의 영향을 받아 마찰력이 작용함으로써 지상의 높이에 따라 풍속이 변하는 영역을 기준경도풍높이라 한다.

② 시시각각 변하는 바람의 난류성분이 물체에 닿아 물체를 풍방향으로 불규칙하게 진동시키는 현상을 와류진동이라 한다.

③ 풍하중 산정에서 기본풍속은 지표면조도 구분 C 지역의 지표면으로부터 10m 높이에서 측정한 10분간 평균풍속에 대한 재현기간 500년 기대풍속이다.

④ 바람이 불어와 맞닿는 측의 반대쪽으로 바람이 빠져나가는 측을 풍하측이라 한다.

04 프리스트레스트콘크리트(PSC) 구조에 대한 설명으로 옳지 않은 것은?

① PSC에서 콘크리트 부재에 프리스트레싱을 가하는 방법은 프리텐션 방식과 포스트텐션 방식 등이 있다.

② 포스트텐션 방식은 긴장재와 콘크리트의 부착에 의해 응력을 전달하는 방식이다.

③ 프리스트레싱에 의해 긴장재는 인장력을 받고 콘크리트는 압축력을 받게 된다.

④ 프리스트레스트 콘크리트 구조는 일반 철근콘크리트 구조에 비하여 전체 단면을 유효하게 이용할 수 있어서 단면의 크기를 경감할 수 있다.

05 다음 중 철근콘크리트 단철근 직사각형 보의 공칭휨모멘트강도(Mn)를 증가시키는 방법으로 가장 효율적이지 않은 것은?

① 인장철근의 면적(As) 증가
② 보의 유효깊이(d) 증가
③ 콘크리트의 압축강도(fck) 증가
④ 인장철근의 항복강도(fy) 증가

06 목구조 접합부에 대한 설명으로 옳지 않은 것은?

① 경사지게 만나는 부재 사이에서 양 부재를 가공하여 끼워 맞추는 접합을 맞춤이라고 한다.

② 길이를 늘이기 위하여 길이 방향으로 접합하는 것을 이음이라고 한다.

③ 인장을 받는 부재에 덧댐판을 대고 길이이음을 하는 경우 덧댐판의 면적은 요구되는 접합면적의 1.2배 이상이어야 한다.

④ 못 접합부에서 경사못박기는 부재와 약 30도의 경사각을 갖도록 한다.

07 건축물 내진설계기준에서 수직하중은 보−기둥 골조가 저항하고, 지진하중은 전단벽이나 가새골조가 저항하는 지진력 저항시스템은?

① 내력벽방식

② 필로티구조

③ 건물골조방식

④ 연성모멘트골조방식

08 그림과 같이 B점에 힌지가 있는 겔버보에서 D점에 집중하중 35 kN이 작용할 때, 고정단 A에 발생하는 수직반력의 크기[kN]는? (단, 부재의 자중의 영향은 무시한다)

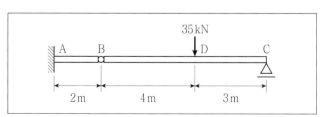

① 10

② 15

③ 20

④ 35

09 철골구조에서 사용하는 용어에 대한 설명으로 옳지 않은 것은?

① 거셋플레이트 : 트러스의 부재, 스트럿 또는 가새재를 보 또는 기둥에 연결하는 판 요소

② 뒤틀림 : 비틀림 하중에 의하여 보의 투영된 단면형상이 유지되면서 축방향으로 발생하는 변위모드(warping)

③ 블로홀 : 용접금속 중에 가스에 의해 생긴 구형의 공동(blowhole)

④ 스캘럽 : 용접접합부에 있어서 용접이음새나 받침쇠의 관통을 위해 또한 용접이음새끼리의 교차를 피하기 위해 설치하는 원호상의 구멍. 용접접근공이라고도 함.

10 강도설계법에 의한 보강조적조의 내진설계에 대한 설명으로 옳지 않은 것은?

① 보 폭은 150mm보다 적어서는 안 된다.

② 기둥 폭은 300mm 이상이어야 한다.

③ 보 깊이는 적어도 200mm 이상이어야 한다.

④ 피어 유효폭은 200mm 이상이어야 하며, 500mm를 넘을 수 없다.

11 직사각형보의 처짐을 줄이기 위한 방법으로 가장 효율적인 것은?

① 보의 깊이(h)를 2배 크게 한다.

② 보의 폭(b)를 2배 크게 한다.

③ 보의 휨강성을 10% 줄인다.

④ 보의 스팬을 1.2배 늘린다.

12 다음 중 직접설계법을 이용한 슬래브 시스템의 설계 시 제한 사항으로 옳지 않은 것은?

① 각 방향으로 3경간 이상이 연속되어야 한다.

② 슬래브판들은 단변경간에 대한 장변경간의 비가 2 이하인 직사각형이어야 한다.

③ 각 방향으로 연속한 받침부 중심 간 경간길이의 차이는 긴 경간의 1/5 이하이어야 한다.

④ 모든 하중은 연직하중으로 슬래브판 전체에 등분포되어야 하며 활하중은 고정하중의 2배 이하이어야 한다.

13 다음 중 구조용강재의 기호와 표준이 옳지 않은 것은?

① SS275 : 일반 구조용 압연 강재

② SM275A : 용접 구조용 압연 강재

③ SN275A : 건축 구조용 압연 강재

④ SNRT275A : 건축 구조용 각형 탄소강관

14 철근콘크리트 부재에서 전단보강철근으로 사용할 수 있는 형태로 옳지 않은 것은?

① 주인장철근에 40°로 구부린 굽힘철근

② 주인장철근에 40°로 설치된 스터럽

③ 부재축에 직각으로 배치된 용접 철망

④ 나선철근, 원형 띠철근 또는 후프철근

15 단면의 성질에 관한 설명으로 옳지 않은 것은?

① 단면의 도심을 지나는 축에 대한 단면1차모멘트는 0이다.

② 단면상의 서로 평행한 축에 대한 단면2차모멘트 중 도심축에 대한 단면2차모멘트가 최대이다.

③ 단면의 주축에 대한 단면상승모멘트는 0이다.

④ 동일 원점에 대한 극단면2차모멘트 값은 직교좌표축의 회전에 관계없이 일정하다.

16 플랫 슬래브에서 기둥 상부의 부모멘트에 대한 철근 배근량을 줄이기 위하여 지판을 사용하는 경우, 지판에 대한 규정으로 옳지 않은 것은?

① 지판은 받침부 중심선에서 각 방향 받침부 중심 간 경간의 1/6 이상을 각 방향으로 연장시켜야 한다.

② 지판이 있는 2방향 슬래브의 유효지지단면은 이의 바닥 표면이 기둥축을 중심으로 30° 내로 펼쳐진 기둥과 기둥머리 또는 브래킷 내에 위치한 가장 큰 정원추, 정사면추 또는 쐐기 형태의 표면과 이루는 절단면으로 정의된다.

③ 지판의 슬래브 아래로 돌출한 두께는 돌출부를 제외한 슬래브 두께의 1/4 이상으로 하여야 한다.

④ 지판 부위 슬래브 철근량을 계산 시, 슬래브 아래로 돌출한 지판두께는 지판의 외단부에서 기둥이나 기둥머리 면까지 거리의 1/4 이하이어야 한다.

17 기초구조 관련 용어에 대한 설명으로 옳지 않은 것은?

① 접지압 : 직접기초에 따른 기초판 또는 말뚝기초에서 선단과 지반 간에 작용하는 압력

② 사운딩 : 연약한 점성토 지반에서 땅파기 외측의 흙의 중량으로 인하여 땅파기된 저면이 부풀어 오르는 현상

③ 슬라임 : 지반을 천공할 때 공벽 또는 공저에 모인 흙의 찌꺼기

④ 케이슨 : 지반을 굴삭하면서 중공대형의 구조물을 지지층까지 침하시켜 만든 기초형식구조물의 지하부분을 지상에서 구축한 다음 이것을 지지층까지 침하시켰을 경우의 지하부분

18 다음과 같은 필릿용접부의 용접면적으로 가장 적절한 것은?

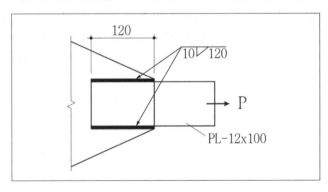

① 1,400

② 1,800

③ 2,000

④ 2,400

19 그림과 같은 트러스에서 상현재 U의 부재력은? (단, 트러스의 모든 절점은 힌지이고, 자중은 고려하지 않는다)

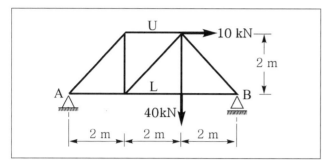

① 10(인장)
② −10(압축)
③ 20(인장)
④ −20(압축)

20 다음 중 철골 부재가 콘크리트와 함께 거동하는 매입형 및 충전형 합성부재에 대한 설명으로 옳지 않은 것은?

① 축력을 받는 매입형 합성부재에서 강재코어의 단면적은 합성기둥 총단면적의 1% 이상으로 한다.
② 축력을 받는 충전형 합성부재는 강재요소의 판폭두께비 제한에 따라 국부좌굴효과를 고려하여 분류한다.
③ 축력을 받는 매입형 합성부재의 설계압축강도는 기둥 세장비에 따른 휨좌굴 한계상태로부터 구한다.
④ 축력을 받는 충전형 합성부재에서 강관의 단면적은 합성부재 총단면적의 2% 이상으로 한다.

본 문제는 국토교통부에서 고시한 건설기준코드(구조설계기준 : KDS 14 00 00, 건축구조기준 : KDS 41 00 00)에 부합하도록 출제함

01 철근콘크리트 보의 휨 해석과 설계에 관한 설명 중 옳지 않은 것은?

① 철근과 콘크리트의 변형률은 중립축부터 거리에 비례하는 것으로 가정할 수 있다.

② 휨모멘트 또는 휨모멘트와 축력을 동시에 받는 부재의 콘크리트 압축연단의 극한변형률은 콘크리트의 설계기준압축강도가 40MPa 이하인 경우에는 0.0033으로 가정한다.

③ 콘크리트 압축응력의 분포와 콘크리트변형률 사이의 관계는 직사각형, 사다리꼴, 포물선형 또는 강도의 예측에서 광범위한 실험의 결과와 실질적으로 일치하는 어떤 형상으로도 가정할 수 있다.

④ 콘크리트의 인장강도는 철근콘크리트 부재 단면의 축강도 계산에서는 무시하고 휨강도 계산에서는 반영하도록 한다.

02 다음 중 설하중에 대한 설명으로 옳지 않은 것은?

① 기본지상설하중은 재현기간 50년에 대한 수직 최심적설깊이를 기준으로 한다.

② 최소 지상설하중은 0.5 kN/m²로 한다.

③ 평지붕설하중은 기본지상설하중에 기본지붕설하중계수, 노출계수, 온도계수 및 중요도계수를 곱하여 산정한다.

④ 경사지붕설하중은 평지붕설하중에 지붕경사도계수를 곱하여 산정한다.

03 지반조사에서 로드에 연결한 저항체를 지반 중에 삽입하여 관입, 회전 및 인발 등에 대한 저항으로부터 지반의 성상을 조사하는 방법은?

① 동재하시험   ② 평판재하시험
③ 지반의 개량   ④ 사운딩

04 철근콘크리트 부재설계 시 강도감소계수에 대한 설명 중 옳지 않은 것은?

① 해석과 설계 및 시공상의 오차를 고려하여 설정한 값이다.

② 인장지배단면 부재에 적용되는 강도감소계수가 압축지배단면 부재에 적용되는 값보다 작다.

③ 인장지배단면에 적용되는 강도감소계수는 0.85이다.

④ 전단과 비틀림에 적용되는 강도감소계수는 0.75이다.

05 그림과 같이 게르버보에 하중이 작용하는 경우 B점에서 발생하는 수직반력은? (단, 보의 자중은 무시한다)

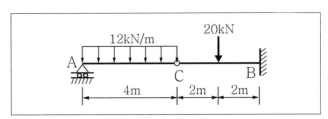

① 20 kN   ② 32 kN
③ 38 kN   ④ 44 kN

06 하중저항계수설계법에 의한 강구조의 인장재 설계에 대한 설명으로 옳지 않은 것은?

① 인장재의 설계인장강도는 총단면의 항복한계상태와 유효순단면의 파단한계상태에 대해 산정된 값 중 큰 값으로 한다.

② 총단면의 항복한계상태에 대한 인장저항계수(ϕ_t)는 0.90이다.

③ 유효순단면의 파단한계상태에 대한 인장저항계수(ϕ_t)는 0.75이다.

④ 부재의 총단면적은 부재축의 직각방향으로 측정된 각 요소단면의 합이다.

07 그림과 같은 철근콘크리트 보 단면에서 극한상태에서의 중립축 위치 c의 값[mm]은? (단, 콘크리트의 설계기준 압축강도는 20MPa, 철근의 설계기준항복강도는 400MPa 로 가정하며, As는 인장철근량이다)

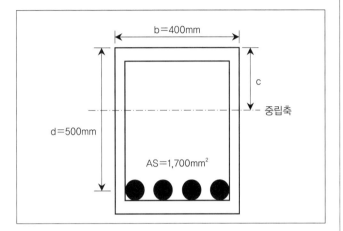

① 100mm   ② 112mm

③ 125mm   ④ 133mm

08 건축구조물의 골조형식 중 횡력의 25% 이상을 부담하는 연성모멘트 골조가 전단벽이나 가새 골조와 조합되어 있는 구조방식은?

① 건물골조방식

② 모멘트골조방식

③ 이중골조방식

④ 전단벽 − 골조 상호작용방식

09 그림과 같이 중앙부에 공간이 있는 단면의 도심축 X−X 에 대한 단면2차모멘트[mm⁴]는? (단, 가운데 원형의 지름은 20mm이고, π=3으로 가정한다)

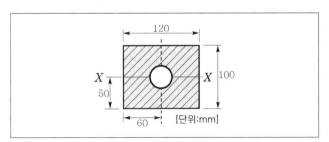

① 9620250   ② 9760750

③ 9826250   ④ 9999250

10 건축물의 하중기준에서 등분포활하중의 저감에 대한 설명으로 옳지 않은 것은? (단, 지붕활하중을 제외한다)

① 부재의 영향면적이 $30m^2$ 이상인 경우 기본등분포활하중에 활하중저감계수를 곱하여 저감할 수 있다.

② 1개 층을 지지하는 부재의 저감계수는 0.5 이상으로 한다.

③ 2개 층 이상을 지지하는 부재의 저감계수는 0.4 이상으로 한다.

④ 활하중 $5\,kN/m^2$ 이하의 공중집회 용도에 대해서는 활하중을 저감할 수 없다.

11 다음 중 목구조 방화설계 기준에서 주요구조부 내화성능 기준의 내화시간으로 적절하지 않은 것은? (단, 목구조 방화설계기준(KDS 41 50 50 : 2022)에 따른다)

① 보 기둥 : 1시간~3시간

② 내벽 및 외벽의 내력벽 : 1시간~3시간

③ 바닥 : 1시간~2시간

④ 지붕틀 : 1시간~2시간

12 압연 H형강(H − 400×200×10×15, r = 20mm)에서 웨브의 판폭두께비는?

① 30   ② 33

③ 37   ④ 40

13 철근콘크리트 공사에서 각 날짜에 친 각 등급의 콘크리트 강도시험용 시료 채취기준으로 옳지 않은 것은?

① 하루에 1회 이상

② 체적 $120m^3$당 1회 이상

③ 슬래브나 벽체의 표면적 $300m^2$마다 1회 이상

④ 배합이 변경될 때마다 1회 이상

14 조적식 구조의 용어에 대한 설명으로 옳지 않은 것은?

① 공칭치수는 규정된 부재의 치수에 부재가 놓이는 접합부의 두께를 더한 치수

② 대린벽은 비내력벽 두께방향의 단위조적개체로 구성된 벽체이다.

③ 속빈단위조적개체는 중심공간, 미세공간 또는 깊은 홈을 가진 공간에 평행한 평면의 순단면적이 같은 평면에서 측정한 전단면적의 75%보다 적은 조적단위이다.

④ 유효보강면적은 보강면적에 유효면적방향과 보강면과의 사이각의 코사인값을 곱한 값이다.

15 구조설계기준(KDS)에 따라 철근콘크리트 벽체를 설계할 경우 벽체의 상세에 대한 설명으로 옳지 않은 것은?

① 정밀한 구조해석에 의하지 않는 한, 각 집중하중에 대한 벽체의 유효 수평길이는 하중 사이의 중심거리 그리고 하중 지지폭에 벽체 두께의 4배를 더한 길이 중 작은 값을 초과하지 않도록 하여야 한다.

② 수직 및 수평철근의 간격은 벽두께의 3배 이하, 또한 450mm 이하로 하여야 한다.

③ 두께 250mm 이상인 지상 벽체에서 외측면 철근은 외측면으로부터 50mm 이상, 벽두께의 1/3 이내에 배치하여야 한다.

④ 지름 10mm 용접철망을 사용할 경우 벽체의 전체 단면적에 대한 최소 수평철근비는 0.0012이다.

16 단순지지된 기둥의 길이가 4m이고 지름이 100mm인 원형단면인 경우에 세장비는?

① 120 　　　　　② 160

③ 240 　　　　　④ 400

17 콘크리트구조의 사용성 설계기준에 대한 설명으로 옳지 않은 것은?

① 사용성 검토는 균열, 처짐, 피로의 영향 등을 고려하여 이루어져야 한다.

② 특별히 수밀성이 요구되는 구조는 적절한 방법으로 균열에 대한 검토를 하여야 하며, 이 경우 소요수밀성을 갖도록 하기 위한 허용균열폭을 설정하여 검토할 수 있다.

③ 미관이 중요한 구조는 미관상의 허용균열폭을 설정하여 균열을 검토할 수 있다.

④ 균열제어를 위한 철근은 필요로 하는 부재 단면의 주변에 분산시켜 배치하여야 하고, 이 경우 철근의 지름과 간격을 가능한 한 크게 하여야 한다.

18 그림과 같이 단순지지된 트러스에서 BC부재의 부재력의 크기[kN]는? (단, 트러스의 모든 절점은 힌지이고 자중은 무시한다)

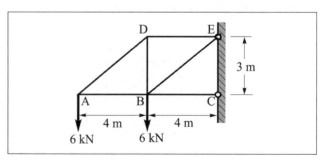

① 24 　　　　　② 20

③ 18 　　　　　④ 12

19 콘크리트 내진설계기준에서 중간모멘트골조의 보에 대한 요구사항으로 옳지 않은 것은? (d는 단면의 유효깊이이다)

① 접합면에서 정 휨강도는 부 휨강도의 1/3 이상이 되어야 한다. 또한 부재의 어느 위치에서나 정 또는 부 휨강도는 양측 접합부의 접합면의 최대 휨강도의 1/5 이상이 되어야 한다.

② 보부재의 양단에서 지지부재의 내측 면부터 경간 중앙으로 향하여 보 깊이의 2배 길이 구간에는 후프철근을 배치하여야 하고, 첫 번째 후프철근은 지지 부재 면부터 50mm 이내의 구간에 배치하여야 한다.

③ 후프철근의 최대 간격은 d/4, 감싸고 있는 종방향 철근의 최소 지름의 10배, 후프철근 지름의 20배, 200mm 중 가장 작은 값 이하이어야 한다.

④ 스터럽의 간격은 부재 전 길이에 걸쳐서 d/2 이하이어야 한다.

20 다음 그림과 같이 인장력 P를 받는 인장재의 순단면적 [mm²]은? (단, 사용된 볼트는 m20 표준구멍이며, 판 두께는 10mm이다)

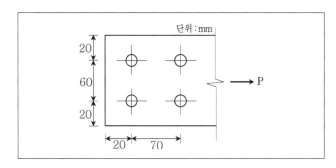

① 500

② 560

③ 600

④ 780

본 문제는 국토교통부에서 고시한 건설기준코드(구조설계기준 : KDS 14 00 00, 건축구조기준 : KDS 41 00 00)에 부합하도록 출제함

01 철근콘크리트구조의 성립요인에 대한 설명으로 옳지 않은 것은?

① 콘크리트와 철근은 역학적 성질이 매우 유사하다.
② 철근과 콘크리트의 열팽창계수가 거의 같다.
③ 콘크리트가 강알칼리성을 띠고 있어 콘크리트 속에 매립된 철근의 부식을 방지한다.
④ 철근과 콘크리트 사이의 부착강도가 크므로 두 재료가 일체화되어 외력에 대해 저항한다.

02 철근콘크리트 보 부재단면에서 인장철근과 함께 압축철근을 배치한 복철근보가 단철근보에 비하여 가지는 장점이 아닌 것은?

① 부재의 장기처짐을 감소시킬 수 있다.
② 부재의 연성이 감소되지만 휨강도는 증가된다.
③ 교반하중으로 작용 시 휨저항 성능을 향상시킨다.
④ 전단철근 배근 시 철근 조립의 시공성을 향상시킨다.

03 강구조에서 고장력볼트의 미끄럼 한계상태에 대한 마찰접합의 설계강도 계산 시 고려하지 않는 것은?

① 볼트구멍의 종류
② 피접합재의 두께
③ 설계볼트장력
④ 전단면의 수

04 보강조적조의 강도설계법 설계기준에 의한 내진설계에서 부재의 치수에 대한 설명으로 옳지 않은 것은? (단, 조적식구조 강도설계법(KDS 41 60 30:2022)에 따른다)

① 보의 폭은 150mm보다 작아서는 안 된다.
② 보의 깊이는 적어도 200mm 이상이어야 한다.
③ 피어의 유효폭은 150mm 이상이어야 하며, 400mm를 넘을 수는 없다.
④ 기둥의 폭은 200mm보다 작을 수 없다.

05 보의 유효깊이(d)가 600mm이고 폭(b)이 400mm인 직사각형 단근보가 공칭강도상태일 때, 보 압축측 등가직사각형 응력블록의 깊이(a)는? (단, 콘크리트 설계기준 압축강도 f_{ck}=20MPa, 철근 설계기준항복강도 f_y=400MPa이고 인장철근량 A_s=1,700mm²이다)

① 100.0mm
② 118.2mm
③ 124.2mm
④ 136.8mm

06 철근콘크리트구조에서 인장 이형철근 및 이형철선의 정착에 대한 설명으로 옳지 않은 것은?(여기서, f_{ck}는 콘크리트의 설계기준압축강도, f_y는 철근의 설계기준항복강도 및 d_b는 철근의 지름이다)

① 정착길이는 기본정착길이에 보정계수를 고려하여 구할 수 있다.
② 기본정착길이는 식 $\dfrac{0.6\,d_b f_y}{\sqrt{f_{ck}}}$ 에 따라 구하여야 한다.
③ 보정계수에서 횡방향철근이 배치되어 있더라도 설계를 간편하게 하기 위해 횡방향철근지수는 0으로 사용할 수 있다.
④ 에폭시 피복철근을 사용할 경우에는 부착력이 증가된다.

07 그림과 같은 게르버보에서 지점과 내부힌지점 중 휨모멘트의 크기가 0이 아닌 곳은?

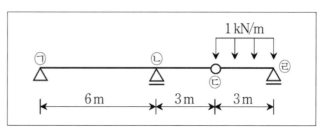

① ㉠
② ㉡
③ ㉢
④ ㉣

08 다음 중 프리캐스트 콘크리트구조 관련된 용어에 대한 설명으로 옳지 않은 것은? (단, 건축물 프리캐스트 콘크리트구조 설계기준(KDS 41 20 10 : 2024)에 따른다)

① 구조 일체성(structural integrity) : 비정상하중에 의한 부분적인 부재의 손상이나 파괴가 발생하여도 하중 전달경로의 완전한 손상을 방지하여 연쇄붕괴가 발생하지 않는 건전한 상태

② 동등성 설계(emulative design) : 프리캐스트 콘크리트 구조물이 현장타설 콘크리트 구조물과 같은 일체식 구조물과 동등한 구조성능과 사용성능을 갖도록 설계

③ 상대에너지소산률(relative energy dissipation ratio) : 시험 모듈에서 반복가력동안 주어진 동일 변위비에서 소산될 수 있는 이상적 최대 에너지에 대한 측정된 소산 에너지의 비율

④ 현장치기 덧침 슬래브 격막(topped non-composite slab diaphragm) : 프리캐스트 콘크리트 슬래브와 덧침 슬래브가 면내 횡하중에 함께 저항하는 슬래브 격막

09 내진설계기준에서 주로 휨을 받도록 설계된 특수모멘트 골조 부재의 상세 기준에 대한 설명으로 옳지 않은 것은? (단, 현행 콘크리트 내진설계기준(KDS 14 20 80)에 따른다)

① 부재의 계수축력은 $(A_g f_{ck}/10)$을 초과하지 않아야 한다.

② 부재의 순경간이 유효깊이의 6배 이상이어야 한다.

③ 깊이에 대한 폭의 비가 0.3 이상이어야 한다.

④ 부재의 폭은 250mm 이상이어야 한다.

10 철근콘크리트구조에서 콘크리트의 굵은골재 최대 공칭치수 규정으로 옳지 않은 것은?

① 거푸집 양 측면 사이의 최소 거리의 1/5 이하

② 슬래브 두께의 1/3 이하

③ 보나 기둥 최소폭의 1/6 이하

④ 개별 철근, 다발철근 또는 긴장재 사이 최소 순간격의 3/4 이하

11 그림과 같은 트러스에서 부재력의 크기가 0인 무응력부재의 개수는? (단, 부재의 자중은 무시한다)

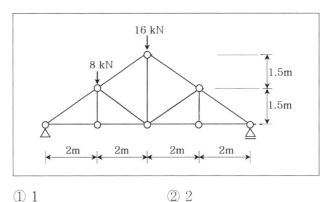

① 1
② 2
③ 3
④ 4

12 다음 중 목구조의 방화구획 및 방화벽에 관한 내용으로 옳지 않은 것은? (단, 목구조 방화설계설계기준(KDS 41 50 50:2022) 에 따른다)

① 주요구조부가 내화구조 또는 불연재료로 된 건축물은 연면적 1,000m²(자동식 스프링클러소화설비 설치 시 2,000m²) 이내마다 방화구획을 설치하여야 한다. 상기 방화구획 및 방화벽은 2시간 이상의 내화구조로 하여야 한다.

② 연면적 1,000m² 이상인 목조의 건축물은 그 외벽 및 처마 밑의 연소할 우려가 있는 부분을 방화구조로 하되, 그 지붕은 불연재료로 하여야 한다.

③ 공동주택의 각 세대 간 경계벽은 내화구조로 지붕 속 또는 천장 속까지 달하도록 하여야 한다.

④ 교육시설, 복지 및 숙박시설로 사용하는 건축물의 방화상 중요한 칸막이벽은 내화구조로 지붕 속 또는 천장 속까지 달하도록 하여야 한다. 이 경우 방화상 중요한 칸막이벽의 간격이 20m 이상일 경우 그 20m 이내마다 지붕 속 또는 천장 속에 내화구조 또는 양면을 방화구조로 한 격벽을 설치하여야 한다.

13 길이 1m, 지름 20mm인 강봉에 200kN의 순인장력이 작용하여 탄성상태에서 길이방향으로 0.5mm 늘어나고, 지름방향으로 0.003mm 줄어들었다. 이때, 봉 재료의 푸아송비 v 값은?

① 0.03   ② 0.05
③ 0.3   ④ 0.5

14 그림과 같은 H형강의 치수표시법으로 옳은 것은?

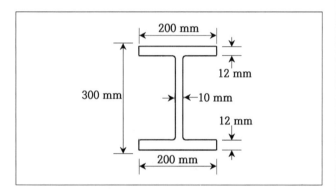

① H−300×200×10×12
② H−300×200×12×10
③ H−200×300×10×12
④ H−200×300×12×10

15 철근콘크리트구조의 기둥(압축부재)에 대한 설명으로 옳지 않은 것은?

① 비합성 압축부재의 축방향 주철근 단면적은 전체 단면적의 0.01배 이상, 0.08배 이하로 하여야 한다.
② 하중에 의해 요구되는 단면보다 큰 단면으로 설계된 압축부재의 경우, 감소된 유효단면적을 사용하여 최소철근량과 설계강도를 결정할 수 있다.
③ 축방향 주철근이 겹침이음되는 경우의 철근비는 0.04 이하이어야 한다.
④ 압축부재 축방향 주철근의 최소 개수는 원형띠철근으로 둘러싸인 경우 6개로 하여야 한다.

16 강도설계법의 설계 개념과 하중의 적용에 대한 설명으로 옳지 않은 것은?

① 강도설계법을 사용하는 구조기준에서는 하중계수를 사용하여 증가시킨 소요강도와 강도감소계수를 사용하여 공칭강도를 감소시킨 설계강도를 비교하여 구조물의 안전성을 확보한다.
② 기본지상적설하중은 재현기간 100년에 대한 수직 최심적설 깊이를 기준으로 한다.
③ 활하중은 점유 또는 사용에 의하여 발생할 것으로 예상되는 최소의 하중이어야 한다.
④ 풍하중은 각각의 설계풍압에 유효수압면적을 곱하여 산정한다.

17 기성콘크리트말뚝의 설계강도 및 구조세칙에 대한 설명으로 옳지 않은 것은?

① 기성콘크리트말뚝의 장기 허용압축응력은 콘크리트 설계기준강도의 최대 1/4까지를 적용할 수 있다.
② 단기 허용압축응력은 장기 허용압축응력의 1.5배로 한다.
③ 콘크리트의 설계기준강도는 30MPa 이상으로 하고 허용하중은 말뚝의 최소단면으로 결정한다.
④ 기성콘크리트말뚝 배치 시 그 중심간격은 말뚝머리지름의 2.5배 이상으로 한다.

18 그림과 같이 양단고정으로 지지된 장주에서 축방향 중심 압축력을 받을 때 탄성좌굴하중(P_{cr})은? (단, E는 강재의 탄성계수이고, I는 약축에 대한 단면2차모멘트이다)

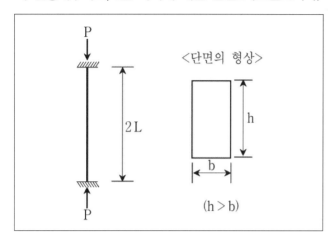

① $\dfrac{\pi^2 EI}{L^2}$

② $\dfrac{\pi^2 EI}{2L^2}$

③ $\dfrac{\pi^2 EI}{4L^2}$

④ $\dfrac{4\pi^2 EI}{L^2}$

19 구조내력상 주요한 부분에 사용하는 막재의 기준에 대한 설명으로 옳지 않은 것은? (단, 막구조 설계기준(KDS 43 10 10:2022)에 따른다)

① 두께는 0.5mm 이상이어야 한다.

② 인장강도는 폭 1cm당 200 N 이상 이어야 한다.

③ 파단신율은 35% 이하이어야 한다.

④ 인열강도는 100 N 이상 또한 인장강도에 1cm를 곱해서 얻은 수치의 15% 이상이어야 한다.

20 강구조 용어의 정의로 옳지 않은 것은?

① 뒷댐판은 용접에서 부재의 밑에 대는 금속판으로 모재와 함께 용접된다.

② 구속판요소는 H형강의 플랜지와 같이 하중의 방향과 평행하게 한쪽 끝단이 직각방향의 판요소에 의해 연접된 평판요소이다.

③ 비지지길이는 한 부재의 횡지지가새 사이의 간격으로 가새부재의 도심 간 거리로 측정한다.

④ 스티프너는 하중을 분배하거나, 전단력을 전달하거나, 좌굴을 방지하기 위해 부재에 부착하는 구조요소이다.

본 문제는 국토교통부에서 고시한 건설기준코드(구조설계기준 : KDS 14 00 00, 건축구조기준 : KDS 41 00 00)에 부합하도록 출제함

01 건축구조기준(KDS)에서 건축구조물의 구조설계 원칙으로 규정되어 있는 사항중 옳지 않은 것은?

① 안전성　　　　　② 사용성
③ 경제성　　　　　④ 친환경성

02 강구조의 특징에 대한 설명으로 옳지 않은 것은?

① 단위면적당 강도가 크다.
② 인성이 커서 변형에 유리하고, 소성변형능력이 우수하다.
③ 재료가 균질하여 내화성이 우수하다.
④ 단면에 비해 부재길이가 길고 두께가 얇아 좌굴의 영향이 크다.

03 강도설계법에 의한 철근콘크리트구조의 설계 개념과 휨 설계에 대한 설명으로 옳지 않은 것은?

① 설계강도는 단면 또는 부재의 공칭강도에 강도감소계수를 곱한 강도이다.
② 철근과 콘크리트는 완전부착으로 가정하지만, 같은 위치에서는 철근의 변형률이 콘크리트의 변형률보다 크다.
③ 인장철근비는 콘크리트의 전체 단면적에 대한 인장철근 단면적의 비이다.
④ 균형변형률 상태는 인장철근이 설계기준항복강도 f_y에 대응하는 변형률에 도달하고, 동시에 압축 콘크리트가 가정된 극한변형률에 도달할 때의 단면상태를 말한다.

04 벽돌벽체를 쌓을 때 조적 내부에 수직중공부를 두는 공간쌓기의 목적이 아닌 것은?

① 방음기능 향상
② 단열성능 향상
③ 내진성능 향상
④ 방습기능 향상

05 프리스트레스하지 않는 부재에 대한 현장치기콘크리트의 최소 피복두께로 옳지 않은 것은?

① 옥외의 공기나 흙에 직접 접하지 않는 보, 기둥 : 40mm
② 옥외의 공기나 흙에 직접 접하지 않는 D35 이하의 철근을 사용한 콘크리트 슬래브, 벽체 : 20mm
③ 흙에 접하여 콘크리트를 친 후 영구히 흙에 묻혀 있는 콘크리트 부재 : 80mm
④ 옥외의 공기에 직접 노출되는 D19 이상의 철근을 사용한 콘크리트 부재 : 50mm

06 건축물의 지진력 저항 시스템 중에서 수직하중과 횡하중을 모두 전단벽이 저항하는 지진력저항시스템은?

① 이중골조시스템
② 내력벽시스템
③ 건물골조시스템
④ 모멘트저항골조시스템

07 단면적이 200mm²로 균질하고 길이가 2m인 선형탄성 부재가 길이방향으로 10 kN의 중심인장력을 받을 경우, 늘어나는 길이는? (단, 부재의 자중은 무시하고 탄성계수 E = 200,000 N/mm²이다)

① 0.5mm　　　　　② 1.0mm
③ 1.5mm　　　　　④ 2.0mm

08 그림과 같은 철근콘크리트 기초판에서 2방향 전단에 대한 위험단면의 면적[m²]은? (단, 기둥 단면의 치수 $c_1 = 0.3$m, $c_2 = 0.3$m이고, 기초판의 전체 춤 D = 0.55m 및 기초판의 유효깊이 $d = 0.5$m이다)

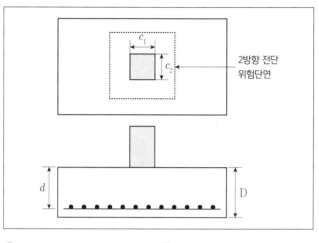

2방향 전단 위험단면

① 1.60　　　　② 1.87
③ 3.20　　　　④ 3.40

09 막과 케이블 구조에 대한 설명으로 옳지 않은 것은?

① 구조내력상 주요한 부분에 사용하는 막재의 파단신율은 35 % 이하이어야 한다.
② 케이블 재료의 단기허용인장력은 장기허용인장력에 1.5를 곱한 값으로 한다.
③ 인열강도는 재료가 접힘 또는 굽힘을 받은 후 견딜 수 있는 최대 인장응력이다.
④ 구조내력상 주요한 부분에 사용하는 막재의 인장강도는 폭 1 cm당 300 N 이상이어야 한다.

10 강구조의 용접과 볼트 접합에 대한 설명으로 옳지 않은 것은?

① 필릿용접의 유효길이는 필릿용접의 총길이에서 2배의 필릿사이즈를 공제한 값으로 하여야 한다.
② 완전용입된 그루브용접의 유효목두께는 접합판 중 얇은 쪽 판두께로 한다.
③ 일반볼트는 영구적인 구조물에는 사용하지 못하고 가체결용으로만 사용한다.
④ 마찰접합되는 고장력볼트는 너트회전법, 토크관리법, 토크쉬어볼트 등을 사용하여 설계볼트장력 이하로 조여야 한다.

11 그림과 같이 하중이 작용하는 내민보에서 B지점 수직반력의 크기 [kN]는? (단, 보의 자중은 무시한다)

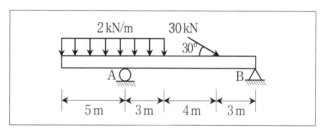

① 7.6　　　　② 8.9
③ 12.6　　　　④ 15.5

12 철근콘크리트 나선철근 기둥이 중심축하중을 받는 경우 최대 설계축강도($\phi P_{n(\max)}$)는? (단, 기둥의 총단면적은 A_g이고, 종방향 철근의 전체단면적은 A_{st}, 콘크리트의 설계기준 압축강도는 f_{ck}, 철근의 설계기준 항복강도는 f_y이다)

① $\phi P_{n(\max)} = \phi 0.80 \left[0.85 f_{ck}(A_g + A_{st}) + f_y A_{st} \right]$
② $\phi P_{n(\max)} = \phi 0.85 \left[0.85 f_{ck}(A_g + A_{st}) + f_y A_{st} \right]$
③ $\phi P_{n(\max)} = \phi 0.80 \left[0.85 f_{ck}(A_g - A_{st}) + f_y A_{st} \right]$
④ $\phi P_{n(\max)} = \phi 0.85 \left[0.85 f_{ck}(A_g - A_{st}) + f_y A_{st} \right]$

13 다음 중 프리캐스트 콘크리트구조의 재료에 관한 설명으로 옳지 않은 것은? (단, 건축물 프리캐스트 콘크리트구조 설계기준(KDS 41 20 10 : 2024)에 따른다)

① 충전용 콘크리트의 설계기준압축강도는 프리캐스트 콘크리트 제품의 설계기준압축강도 이상, 최소 30MPa 이상으로 한다. 단, 덧침 콘크리트의 경우에는 예외로 한다.

② 모르타르의 설계기준압축강도는 프리캐스트 콘크리트 제품의 설계기준압축강도 이상, 최소 21MPa 이상으로 한다.

③ 그라우트의 압축강도는 현장 양생한 재령 28일 공시체의 압축강도를 적용하며, 프리캐스트 콘크리트 제품의 설계기준압축강도 이상으로 하되, 최소 30MPa 이상이어야 한다. 단, 팽창성 그라우트의 압축강도는 21MPa 이상으로 한다.

④ 특수한 접합용 슬리브에 사용되는 그라우트의 경우에는 소요 압축강도가 매우 높으므로 설계도서 또는 슬리브 제조사의 상세에 따른 그라우트의 압축강도를 반드시 충족하여야 한다.

14 목구조에서 목재의 치수를 실제치수보다 큰 25의 배수로 올려서 부르기 편하게 사용하는 치수를 무엇이라고 하는가?

① 실제치수 ② 제재치수
③ 공칭치수 ④ 건조재치수

15 그림과 같이 등분포하중이 작용하는 캔틸레버 보에서 자유단 B점의 처짐은?(단, 보의 휨강성은 EI이고, 자중은 무시한다)

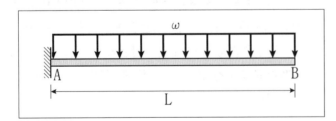

① $\dfrac{wL^2}{6EI}$ ② $\dfrac{wL^2}{16EI}$

③ $\dfrac{wL^3}{8EI}$ ④ $\dfrac{wL^3}{48EI}$

16 콘크리트의 균열모멘트(Mcr)를 계산하기 위한 콘크리트 파괴계수 fr[MPa]은? (단, 일반콘크리트이며, 콘크리트 설계기준압축강도 (fck)는 25MPa이다)

① 3.15 ② 4.15
③ 5.15 ④ 6.15

17 그림과 같은 강구조 용접이음 표기에서 S가 의미하는 것은?

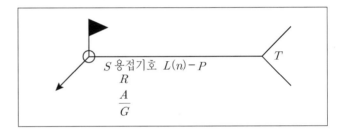

① 용접 간격 ② 용접 길이
③ 용접 치수(사이즈) ④ 용접부 처리방법

18 건축물의 기초형식을 선정할 때 고려해야 할 사항에 대한 설명으로 옳지 않은 것은?

① 기초형식 선정 시 부지 주변에 미치는 영향을 충분히 고려하여야 한다.

② 기초는 상부구조의 규모, 형상, 구조형식 및 강성 등을 함께 고려하여 선정해야 한다.

③ 기초는 대지의 상황 및 지반의 조건에 적합하며, 유해한 장해가 생기지 않아야 한다.

④ 동일 구조물의 기초에서는 가능한 한 이종형식기초를 병용하여 사용하는 것이 바람직하다.

19 그림과 같은 도형에서 x축에서 도심까지의 거리(y_o)는?

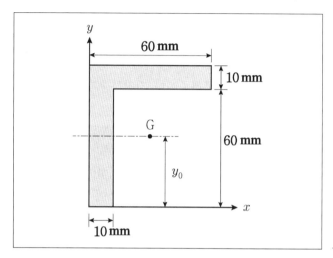

① 35.5
② 42.5
③ 47.5
④ 50.0

20 건축물내진설계기준의 성능기반설계에 대한 설명으로 옳지 않은 것은?

① 성능기반설계법은 비선형해석법을 사용하여 구조물의 초과강도와 비탄성변형능력을 보다 정밀하게 구조모델링에 고려하여 구조물이 주어진 목표성능수준을 정확하게 달성하도록 설계하는 기법이다.

② 내진 특등급 건축물의 성능목표는 2,400년 재현주기 지진에 대해 인명보호를 1,000년 재현주기 지진에 대해서는 기능수행 수준을 요구하고 있다.

③ 내진특등급의 기능수행검토 시 구조물의 허용층간변위는 1.0%로 한다. 또한 내진 1등급과 내진 2등급의 기능수행검토 시 허용층간변위는 2.0%로 한다.

④ 구조체 설계에 사용되는 밑면전단력의 크기는 등가정적해석법에 의한 밑면전단력의 75% 이상이어야 한다.

□ 빠른 정답 p.103
∅ 해설 p.74

본 문제는 국토교통부에서 고시한 건설기준코드(구조설계기준 : KDS 14 00 00, 건축구조기준 : KDS 41 00 00)에 부합하도록 출제함

01 다음 중 유지·관리 중에 구조안전을 확인해야 할 업무의 종류에 해당하지 않는 것은?

① 안전진단
② 구조물 규격에 관한 검토 확인
③ 용도변경을 위한 구조검토
④ 증축을 위한 구조검토

02 다음 중 건축구조기준에서 규정하고 있는 기본등분포활하중의 용도별 최솟값이 가장 큰 건축물 용도는?

① 주거용 건축물의 거실
② 일반사무실
③ 도서관 서고
④ 30 kN 이하 차량용 옥외주차장

03 강도설계법에 의해 철근콘크리트 보를 해석 및 설계할 경우, 등가직사각형 응력블록의 깊이(a) 계산 시에 고려하지 않는 것은?

① 주철근의 설계기준항복강도
② 주철근의 순간격
③ 콘크리트의 설계기준압축강도
④ 보의 폭

04 조적구조에 대한 설명으로 옳지 않은 것은?

① 일반적으로 풍하중이나 지진하중과 같은 수평하중에 취약하다.
② 벽돌구조의 세로줄눈은 막힌줄눈보다 통줄눈으로 설계하는 것이 구조적으로 유리하다.
③ 테두리보는 조적벽 상부에 설치하여 구조를 일체화시키고 상부하중을 균등히 분포시킨다.
④ 벽돌쌓기 방법 중 불식쌓기는 같은 켜에 길이쌓기와 마구리쌓기를 교대로 사용하는 방법이다.

05 구조설계기준의 설계하중 관련 용어에 대한 설명으로 옳지 않은 것은?

① 가스트영향계수 : 바람의 난류로 인해 발생되는 구조물의 동적 거동 성분을 나타내는 것으로 평균변위에 대한 최대변위의 비를 통계적인 값으로 나타낸 계수
② 강체건축구조물 : 바람과 구조물의 동적 상호작용에 의해 발생하는 부가적인 하중효과를 무시할 수 있는 안정된 건축구조물(공진효과를 고려하지 않은 가스트영향계수를 사용하며 건축물의 형상비에 따라 구분)
③ 개방형 건축구조물 : 정압을 받는 벽에 위치한 개구부 면적의 합이 그 벽면적의 80% 이상 되는 건축물 또는 각 벽체가 80% 이상 개방되어 있는 건축구조물
④ 경량칸막이벽 : 자중이 2kN/m² 이하인 가동식 벽체

06 철근콘크리트 기둥에서 띠철근에 대한 설명으로 옳지 않은 것은?

① D32 이하의 축방향철근은 D10 이상의 띠철근으로, D35 이상의 축방향철근과 다발철근은 D13 이상의 띠철근으로 둘러싸야 한다.

② 띠철근 수직간격은 축방향철근 지름의 16배 이하, 띠철근지름의 48배 이하, 또한 기둥단면의 최소치수 이하로 하여야 한다.

③ 축방향철근의 순간격이 150mm 이상 떨어진 경우 추가 띠철근을 배치하여 축방향철근을 횡지지하여야 한다.

④ 기초판 또는 슬래브의 윗면에 연결되는 기둥의 첫 번째 띠철근 간격은 다른 띠철근 간격의 1/2 이하로 하여야 한다.

07 그림과 같은 사다리꼴 단면에서 x축(밑변)으로부터 도심까지의 수직 거리[m]는?

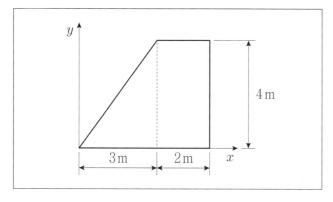

① $\dfrac{10}{7}$

② $\dfrac{12}{7}$

③ $\dfrac{15}{7}$

④ $\dfrac{18}{7}$

08 건축구조기준에서 규정한 목표성능을 만족하면서, 건축주가 선택한 성능지표(안전성능, 사용성능, 내구성능 및 친환경성능 등)를 만족하도록 건축구조물을 설계하는 방법은?

① 성능기반설계법
② 강도설계법
③ 한계상태설계법
④ 허용응력설계법

09 슬래브와 보를 일체로 타설하고, 보의 양쪽에 슬래브가 있는 철근콘크리트 T형보의 유효폭을 산정하는 세 가지 방법에 해당하지 않는 것은? (단, b_w는 보의 복부(웨브) 폭이며, 슬래브(플랜지)의 두께는 균일하다)

① 슬래브 두께의 16배 + b_w
② 인접 보와의 내측거리
③ 양쪽 슬래브의 중심 간 거리
④ 보 경간의 1/4

10 목구조의 보강철물에 대한 설명으로 옳지 않은 것은?

① 띠쇠는 띠형 철판에 못구멍을 뚫은 보강 철물이다.

② 띠쇠는 기둥과 충도리, ㅅ자보와 왕대공 사이에 주로 사용된다.

③ 볼트의 머리와 와셔는 서로 밀착되게 충분히 조여야 하며, 구조상 중요한 곳에는 공사시방서에 따라 2중 너트로 조인다.

④ 꺾쇠는 전단력을 받아 접합재 상호 간의 변위를 방지하는 강한 이음을 얻는 데 쓰이는 철물이며 압입식과 파넣기식이 있다.

11 등가정적해석법에 의한 지진하중 산정 시 고려하지 않는 것은?

① 가스트영향계수(G)
② 반응수정계수(R)
③ 중요도계수(IE)
④ 건물의 중량(W)

12 다음과 같은 트러스 구조물에서 부재 AD의 부재력[kN]은?

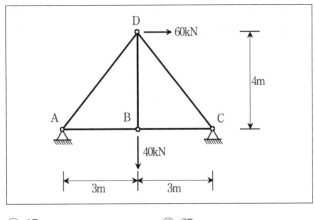

① 15
② 25
③ 40
④ 75

13 강구조 부재의 접합에서 볼트 접합부의 파괴유형이 아닌 것은?

① 볼트의 압축파괴
② 볼트의 인장파괴
③ 볼트의 전단파괴
④ 피접합재의 연단부파괴

14 다음 중 프리캐스트 콘크리트(PC) 구조의 지진력저항 시스템 중 반응수정계수(R) 값이 가장 큰 것은? (단, 건축물 프리캐스트 콘크리트구조 설계기준(KDS 41 20 10 : 2024)에 따른다)

① 내력벽시스템의 PC 특수구조벽체
② 건물골조시스템 PC 중간구조벽체
③ 특수모멘트골조를 가진 이중골조시스템 PC 중간구조벽체
④ 중간모멘트골조를 가진 이중골조시스템 PC 특수구조벽체

15 그림과 같은 구조물의 부정정 차수는?

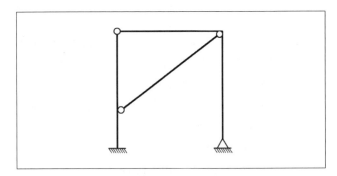

① 정정 구조물
② 1차 부정정
③ 2차 부정정
④ 3차 부정정

16 철근콘크리트구조 기초설계에 대한 설명으로 옳지 않은 것은?

① 동일하중 조건에서 기초면적이 커질수록 지반의 지압 및 기초의 침하량은 감소한다.
② 연약 지반에서는 말뚝을 사용하여 기초의 하중을 연약 지층 하부의 암반층으로 전달하기도 한다.
③ 기초로부터 지반에 전달되는 하중의 면적당 크기가 허용지내력보다 커지도록 설계하여 지반이 구조물을 안정적으로 지지할 수 있도록 한다.
④ 부동침하는 구조물에 추가적인 응력과 균열을 발생시킬 수 있어 설계 시 주의하여야 한다.

17 건축구조기준에 따른 건축물의 중요도 분류 중 '중요도(1)'에 해당하는 것은?

① 연면적 1,000m² 이상인 위험물 저장 및 처리시설
② 연면적 1,000m² 이상인 국가 또는 지방자치단체의 청사·외국공관·소방서·발전소·방송국·전신전화국
③ 5층 이상인 숙박시설·오피스텔·기숙사·아파트
④ 가설구조물

18 그림 (a)와 같은 양단이 힌지로 지지된 기둥의 좌굴하중이 10 kN이라면, 그림 (b)와 같은 양단이 고정된 기둥의 좌굴하중[kN]은? (단, 두 기둥의 길이, 단면의 크기 및 사용 재료는 동일하다)

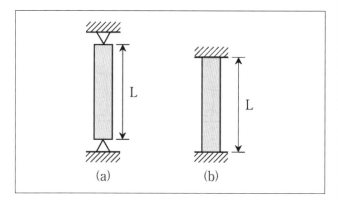

(a)   (b)

① 10   ② 20
③ 30   ④ 40

19 콘크리트 벽체 설계기준에 따른 벽체 설계에 대한 설명으로 옳지 않은 것은?

① 수직 및 수평철근의 간격은 벽두께의 3배 이하 또한 450mm 이하로 하여야 한다.
② 두께 250mm 이상의 벽체에서는 수직 및 수평 철근을 벽면에 평행하게 양면으로 배근한다. 단, 지하실 벽체에는 이 규정을 적용하지 않을 수 있다.
③ 비내력벽의 두께는 100mm 이상이어야 하고, 또한 이를 횡방향으로 지지하고 있는 부재 사이 최소 거리의 1/30 이상이 되어야 한다.
④ 지하실 외벽의 두께는 150mm 이상이어야 한다.

20 말뚝기초에 대한 설명으로 옳지 않은 것은?

① 말뚝기초 설계 시 하중의 편심을 고려하여 가급적 3개 이상의 말뚝을 박는다.
② 말뚝기초 설계 시 발전기 등에 의한 진동의 영향으로 지반액상화의 우려가 없는지 조사한다.
③ 말뚝기초의 허용지지력 산정 시 말뚝과 기초판저면에 대한 지반의 지지력을 함께 고려하여야 한다.
④ 기성콘크리트말뚝을 배치할 때 그 중심간격은 말뚝머리지름의 2.5배 이상으로 한다.

본 문제는 국토교통부에서 고시한 건설기준코드(구조설계기준 : KDS 14 00 00, 건축구조기준 : KDS 41 00 00)에 부합하도록 출제함

01 철근콘크리트 휨부재 설계에 대한 설명으로 옳지 않은 것은?

① 휨부재의 최소 허용변형률은 철근의 항복강도 f_y가 400MPa 이하인 경우 0.002로 하고, 철근의 항복강도가 400MPa을 초과하는 경우 철근 항복변형률의 1.2배로 한다.

② 압축연단 콘크리트가 가정된 극한변형률인 0.0033에 도달할 때 최외단 인장철근의 순인장변형률 ε_t가 0.005(f_y가 400MPa 초과 시는 $2.5\varepsilon_y$)의 인장지배변형률 한계 이상인 단면을 인장지배단면이라고 한다.

③ 휨부재 설계 시 보의 횡지지 간격은 압축 플랜지 또는 압축면의 최소 폭의 50배를 초과하지 않도록 하여야 한다.

④ 휨부재의 강도를 증가시키기 위하여 추가 인장철근과 이에 대응하는 압축철근을 사용할 수 있다.

02 건축물 내진설계기준에서 수직하중과 횡력을 보와 기둥으로 구성된 라멘골조가 저항하는 지진력 저항 시스템은?

① 건물골조방식
② 모멘트골조방식
③ 내력벽방식
④ 이중골조방식

03 강구조의 특징에 대한 설명으로 옳지 않은 것은?

① 강도가 크고 소성변형능력이 우수하다.
② 화재에 약하므로 내화성능향상을 위한 대책이 필요하다.
③ 지속적인 반복하중에 따른 피로에 의한 파단의 우려가 있다.
④ 강재보 부재는 압축력이 작용하지 않으므로 좌굴을 고려하지 않아도 된다.

04 그림과 같은 단순보에서 B 지점의 수직반력[kN]은? (단, 보의 자중은 무시한다)

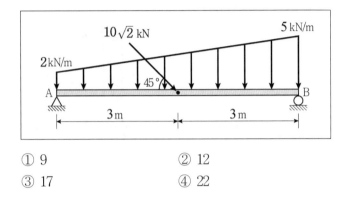

① 9
② 12
③ 17
④ 22

05 시공과정에서 구조적합성과 구조안전을 확인하기 위하여 책임구조기술자가 수행하여야 할 업무로 옳지 않은 것은?

① 구조물 규격에 관한 검토·확인
② 설계변경에 관한 사항의 구조검토·확인
③ 리모델링을 위한 구조검토
④ 시공하자에 대한 구조내력검토 및 보강방안

06 다음 중 프리캐스트 콘크리트구조의 설계에 관한 설명으로 옳지 않은 것은? (단, 건축물 프리캐스트 콘크리트구조 설계기준(KDS 41 20 10 : 2024)에 따른다)

① 프리캐스트 콘크리트 부재는 기준에서 규정하는 동등성 설계법으로 설계해야 하며, 비동등성 설계법으로는 설계할 수 없다.

② 동등성 설계는 현장타설 공법과 동등한 성능이 발현될 수 있도록 접합부를 설계하는 방법을 말한다. 구조해석 및 설계는 현장타설 공법과 동일한 방법을 사용하면서 프리캐스트 콘크리트 구조로 인하여 발생하는 특수한 경우를 추가로 고려한다.

③ 프리캐스트 콘크리트 제품 탈형 시의 콘크리트 강도는 설계기준압축강도의 70% 이상 또는 18MPa 이상 확보해야 한다.

④ 부재의 탈형, 양중, 운반, 적재 시에는 부재에 응력이 집중되지 않도록 양중점을 배치해야 하며, 양중 시에 발생되는 응력을 고려하여 설계하여야 한다.

07 고장력볼트의 접합 방법으로 옳지 않은 것은?

① 인장접합　　　　② 마찰접합
③ 압축접합　　　　④ 지압접합

08 철근콘크리트 특수모멘트골조의 휨부재에 대한 설명으로 옳지 않은 것은?

① 접합면에서 정모멘트에 대한 강도는 부모멘트에 대한 강도의 1/2 이상이어야 한다.
② 부재의 어느 위치에서나 정 또는 부모멘트에 대한 강도는 부재 양단 접합면의 최대 휨강도의 1/4 이상이어야 한다.
③ 첫 번째 후프철근은 지지부재의 면부터 100mm 이내에 위치하여야 한다.
④ 보의 상부와 하부에 최소한 연속된 두 개의 축방향 철근으로 보강하여야 한다.

09 다음 중 강도설계법으로 구조물을 설계하는 경우의 활하중의 저감에 대한 설명으로 옳지 않은 것은?

① 지붕활하중을 제외한 등분포활하중은 부재의 영향면적이 $36m^2$ 이상인 경우 기본등분포활하중에 활하중저감계수 C를 곱하여 저감할 수 있다.
② 영향면적은 기둥 및 기초에서는 부하면적의 2배, 보 또는 벽체에서는 부하면적의 4배, 슬래브에서는 부하면적의 2배를 적용한다.
③ 부하면적 중 캔틸레버 부분은 4배 또는 2배를 적용하지 않고 영향면적에 단순 합산한다.
④ 1개 층을 지지하는 부재의 저감계수 C는 0.5 이상, 2개 층 이상을 지지하는 부재의 저감계수 C는 0.4 이상으로 한다.

10 조적조 건물에서 발생하는 백화현상의 방지대책으로 옳지 않은 것은?

① 빗물의 침투를 방지하기 위하여 처마를 길게 한다.
② 벽돌과 벽돌 사이를 모르타르로 빈틈없이 채운다.
③ 흡수율이 높은 벽돌을 사용하여 탄산칼슘의 발생을 억제한다.
④ 파라핀 에멀션 등의 방수제를 사용한다.

11 콘크리트의 크리프(creep)에 대한 설명으로 옳지 않은 것은?

① 물시멘트비가 높을수록 증가한다.
② 재하 시간이 길어질수록 증가한다.
③ 휨 부재의 경우 압축철근이 많을수록 감소한다.
④ 건조상태일 때보다 습윤상태일 때 증가한다.

12 지하연속벽 또는 슬러리월(slurry wall) 공법에 관한 설명으로 옳지 않은 것은?

① 흙막이벽의 기능뿐만 아니라 영구적인 구조벽체 기능을 겸한다.
② 대지 경계선에 근접시켜 설치할 수 있으므로 대지 면적을 최대한 활용할 수 있다.
③ 안정액은 조립된 철근의 형태를 유지하고, 연속벽의 구조체를 형성한다.
④ 차수효과가 우수하여 지하수가 많은 지반의 흙막이공법으로 적합하다.

13 강구조의 접합에서 필릿 용접에 대한 설명으로 옳지 않은 것은?

① 필릿용접의 유효면적은 유효길이에 유효목두께를 곱한 값으로 한다.
② 구멍모살용접의 유효길이는 목두께의 중심을 잇는 용접중심선의 길이로 한다.
③ 필릿용접의 유효목두께는 필릿사이즈의 0.7배로 한다.
④ 필릿용접의 유효길이는 필릿용접의 총길이에서 유효목두께의 2배를 공제한 값으로 한다.

14 그림과 같은 원형봉 부재에 인장력 30kN이 작용하여 늘어난 길이 Δ=0.5mm 발생하였다면 이 재료의 탄성계수 E[GPa]는? (단, 계산의 편의상 π=3으로 한다)

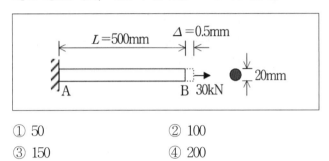

① 50
② 100
③ 150
④ 200

15 용접 H형강 (H $-$ 300 × 300 × 10 × 15) 판요소의 폭두께비는?

	플랜지	웨브
①	10	27
②	10	30
③	20	27
④	20	30

16 주요 구조부가 공칭두께 50mm(실제두께 38mm)의 규격재로 건축된 목구조는?

① 전통목구조
② 경골목구조
③ 중목구조
④ 대형목구조

17 철근콘크리트 슬래브의 길이가 ℓ이고 처짐을 계산하지 않는 경우, 리브가 있는 1방향 슬래브의 최소 두께로 옳지 않은 것은? (단, 보통중량 콘크리트와 설계기준항복강도가 400MPa인 철근을 사용하며, 큰 처짐에 의해 손상되기 쉬운 칸막이벽이나 기타 구조물을 지지 또는 부착하지 않는다)

① 단순 지지인 경우 ℓ/16
② 1단 연속인 경우 ℓ/18.5
③ 양단 연속인 경우 ℓ/21
④ 캔틸레버인 경우 ℓ/10

18 건축물 하중기준에 따른 풍동실험 종류 및 실험조건에 대한 사항으로 옳지 않은 것은?

① 풍하중을 평가하기 위한 풍동실험의 종류에는 풍력실험, 풍압실험, 공기력진동실험, 풍환경실험이 있다.
② 풍동 내의 평균풍속의 고도분포, 난류강도분포 및 변동풍속의 특성은 건축 현지의 자연대기경계층 조건에 적합하도록 재현하여야 한다.
③ 풍동 내 대상건축구조물 및 주변 모형에 의한 단면 폐쇄율은 풍동의 실험단면에 대하여 10% 미만이 되도록 하여야 한다.
④ 풍환경실험에서 풍환경 영향을 평가하기 위한 주변 건축구조물 및 시가지역의 재현범위는 신축 건축구조물 높이의 2.5배로 한다.

19 그림과 같이 여러 힘이 평행하게 강체에 작용하고 있을 때, 합력의 위치는?

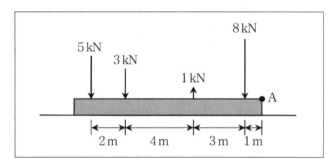

① A점에서 왼쪽으로 5.2m
② A점에서 오른쪽으로 5.2m
③ A점에서 왼쪽으로 5.8m
④ A점에서 오른쪽으로 5.8m

20 표준갈고리를 갖는 인장 이형철근 D22의 기본정착길이[mm]는? (단, 사용 철근의 공칭지름은 22mm로 가정하고, 철근의 설계기준항복강도 (fy)는 500MPa이며, 콘크리트의 설계기준압축강도(fck)는 25MPa이다)

① 380
② 426
③ 482
④ 528

본 문제는 국토교통부에서 고시한 건설기준코드(구조설계기준 : KDS 14 00 00, 건축구조기준 : KDS 41 00 00)에 부합하도록 출제함

01 강도설계법에서 철근콘크리트 휨부재의 단면에 대한 설명으로 옳지 않은 것은? (단, 콘크리트의 강도는 40MPa 이하이다)

① 균형변형률 상태에서 철근과 콘크리트의 변형률은 중립축에서부터의 거리에 비례한다.

② 압축연단의 콘크리트 극한변형률은 0.0033이다.

③ 부재의 휨강도 계산에서 콘크리트의 인장강도는 무시한다.

④ 압축연단의 콘크리트 변형률이 0.0033에 도달함과 동시에 인장철근의 변형률이 항복변형률에 도달하는 상태를 인장지배단면이라고 한다.

02 다음 중 기초구조의 흙막이벽 안전을 저해하는 현상과 가장 연관성이 없는 것은?

① 히빙(heaving)
② 보일링(boiling)
③ 파이핑(piping)
④ 사운딩(sounding)

03 건축구조기준에 의해 구조물을 강도설계법으로 설계할 경우 소요강도 산정을 위한 하중조합으로 옳지 않은 것은? (여기서 D는 고정하중, L은 활하중, F는 유체압 및 용기내용물하중, E는 지진하중, S는 설하중, W는 풍하중이다. 단, L에 대한 하중계수 저감은 고려하지 않는다)

① $1.4(D + F)$
② $1.2D + 1.0E + 1.0L + 0.2S$
③ $0.9D + 1.3W$
④ $0.9D + 1.0E$

04 철근콘크리트 구조에서 철근의 피복두께에 대한 설명으로 옳지 않은 것은? (단, 특수환경에 노출되지 않은 콘크리트로 한다)

① 피복두께는 콘크리트 표면과 그에 가장 가까이 배치된 철근 중심까지의 거리이다.

② 피복두께는 철근을 화재로부터 보호하고, 공기와의 접촉으로 부식되는 것을 방지하는 역할을 한다.

③ 프리스트레스하지 않는 수중타설 현장치기콘크리트 부재의 최소피복두께는 100mm이다.

④ 옥외의 공기나 흙에 직접 접하지 않는 프리캐스트콘크리트 기둥의 띠철근에 대한 최소피복두께는 10mm이다.

05 철근콘크리트 구조에서 공칭직경이 d_b인 D16 철근의 표준갈고리 가공에 대한 설명으로 옳지 않은 것은?

① 주철근에 대한 180° 표준갈고리는 구부린 반원 끝에서 $4d_b$ 이상 더 연장하여야 한다.

② 주철근에 대한 90° 표준갈고리의 구부림 내면 반지름은 $2d_b$ 이상으로 하여야 한다.

③ 스터럽과 띠철근에 대한 90° 표준갈고리는 구부린 끝에서 $6d_b$ 이상 더 연장하여야 한다.

④ 스터럽에 대한 90° 표준갈고리의 구부림 내면 반지름은 $2d_b$ 이상으로 하여야 한다.

06 다음은 휨모멘트를 받는 철근콘크리트 단근보의 실제 압축응력 분포를 등가직사각형 응력블럭으로 단순화한 그림이다. 이때 등가응력블럭의 크기 A 및 깊이 B의 값은? (단, 콘크리트의 압축강도 fck = 30MPa이다)

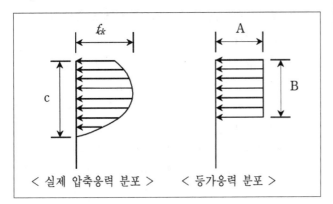

< 실제 압축응력 분포 >   < 등가응력 분포 >

① $A : 0.8f_{ck}$, $B : 0.8c$
② $A : 0.8f_{ck}$, $B : 0.85c$
③ $A : 0.85f_{ck}$, $B : 0.8c$
④ $A : 0.85f_{ck}$, $B : 0.85c$

07 풍하중 설계풍속 산정 시 건설지점의 지표면조도구분은 주변 지역의 지표면 상태에 따라 정해지는데, 높이 1.5 ~ 10m 정도의 장애물이 산재해 있는 지역에 대한 지표면조도구분은?

① A   ② B
③ C   ④ D

08 강구조의 국부좌굴에 대한 단면의 분류에서 비구속판요소의 폭(b)에 대한 설명으로 옳지 않은 것은?

① H형강 플랜지에 대한 b는 전체 공칭플랜지폭의 반이다.
② ㄱ형강 다리에 대한 b는 전체 공칭치수에서 두께를 감한 값이다.
③ T형강 플랜지에 대한 b는 전체 공칭플랜지폭의 반이다.
④ 플레이트의 b는 자유단으로부터 파스너 첫 번째 줄 혹은 용접선까지의 길이이다.

09 건축물의 내진구조 계획에서 고려해야 할 사항으로 옳지 않은 것은?

① 한 층의 유효질량이 인접층의 유효질량과 차이가 클수록 내진에 유리하다.
② 가능하면 대칭적 구조형태를 갖는 것이 내진에 유리하다.
③ 보－기둥 연결부에서 가능한 한 강기둥－약보가 되도록 설계한다.
④ 구조물의 무게는 줄이고, 구조재료는 연성이 좋은 것을 선택한다.

10 그림과 같은 단순보에서 B점에 집중하중 P = 10 kN이 연직 방향으로 작용할 때 C점에서의 전단력 Vc [kN] 및 휨모멘트mc [kN·m]의 값은? (단, 보의 휨강성 EI는 일정하며, 자중은 무시한다)

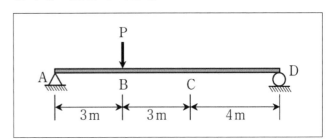

	Vc	Mc
①	−3	10
②	−3	12
③	−7	14
④	−7	16

11 필릿용접에 대한 설명으로 옳지 않은 것은?

① 필릿용접의 유효목두께는 용접루트로부터 용접표면까지의 최단거리로 한다. 단, 이음면이 직각인 경우에는 필릿사이즈의 0.7배로 한다.
② 접합부의 얇은 쪽 모재두께가 13mm일 때, 필릿용접의 최소 사이즈는 6mm이다.
③ 겹침이음에 있어서의 최소겹침길이는 얇은 부재 두께의 5배가 되어야 하고 최소 25mm이어야 한다.
④ 강도를 기반으로 하여 설계되는 필릿용접의 최소길이는 공칭 용접사이즈의 4배 이상으로 해야 한다.

12 철근콘크리트 기초판을 설계할 때 주의해야 할 사항으로 옳지 않은 것은?

① 말뚝기초의 기초판 설계에서 말뚝의 반력은 각 말뚝의 중심에 집중된다고 가정하여 휨모멘트와 전단력을 계산할 수 있다.

② 독립기초의 기초판 밑면적 크기는 허용지내력에 반비례한다.

③ 독립기초의 기초판 전단설계 시 1방향 전단과 2방향 전단을 검토한다.

④ 기초판 밑면적, 말뚝의 개수와 배열 산정에는 1.0을 초과하는 하중계수를 곱한 계수하중이 적용된다.

13 하중저항계수설계법에 의한 강구조 설계에 대한 설명으로 옳지 않은 것은?

① 휨재 설계에서 보에 작용하는 모멘트의 분포형태를 반영하기 위해 횡좌굴모멘트수정계수(C_b)를 적용한다.

② 접합부 설계에서 블록전단파단의 경우 한계상태에 대한 설계강도는 전단저항과 압축저항의 합으로 산정한다.

③ 압축재 설계에서 탄성좌굴영역과 비탄성좌굴영역으로 구분하여 휨좌굴에 대한 압축강도를 산정한다.

④ 용접부 설계강도는 모재강도와 용접재강도 중 작은 값으로 한다.

14 그림과 같이 등분포하중 w가 작용하는 캔틸레버보에서 자유단의 처짐각은? (단, 보의 자중은 무시하고, 탄성계수(E)와 단면2차모멘트(I)는 일정하며, 선형탄성 거동하는 것으로 가정한다)

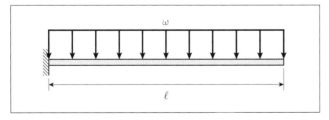

① $\dfrac{w\ell^3}{6EI}$ ② $\dfrac{w\ell^4}{8EI}$

③ $\dfrac{w\ell^3}{24EI}$ ④ $\dfrac{w\ell^4}{48EI}$

15 경골 목구조에서 벽체의 스터드가 각 층마다 별도 구조체로 건축되고 벽체 위에 윗층의 바닥이 올려지고 그 위에 다시 윗층의 벽체가 시공되는 공법은?

① 오에스비(OSB)
② 플랫폼구조
③ 피에스엘(PSL)
④ 홀드다운

16 조적식 구조에서 사용되는 벽체용 붙임 모르타르의 용적 배합비(세골재/결합재)로 옳은 것은? (단, 세골재는 표면건조 내부포수 상태이고 결합재는 주로 시멘트를 사용한다)

① 0.5~1.5   ② 1.5~2.5
③ 2.5~3.0   ④ 3.0~3.5

17 다음과 같은 도형의 x축에 대한 단면2차모멘트는?

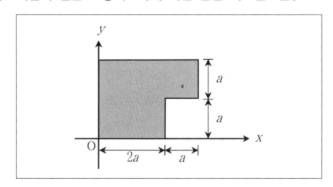

① $\dfrac{23\,a^4}{3}$ ② $\dfrac{25\,a^4}{3}$

③ $\dfrac{23\,a^4}{12}$ ④ $\dfrac{25\,a^4}{12}$

18 막구조에 대한 설명으로 옳은 것은?

① 막구조의 막재는 인장과 휨에 대한 저항성이 우수하다.

② 습식 구조에 비해 시공 기간이 길지만 내구성이 뛰어나다.

③ 공기막 구조는 내외부의 압력 차에 따라 막면에 강성을 주어 형태를 안정시켜 구성되는 구조물이다.

④ 스페이스 프레임 등으로 구조물의 형태를 만든 뒤 지붕마감으로 막재를 이용하는 것을 현수막 구조라 한다.

19 콘크리트구조 내진설계 시 특별고려사항에서 특수모멘트골조 휨부재의 요구사항에 대한 설명으로 옳지 않은 것은?

① 부재의 순경간은 유효깊이의 4배 이상이어야 한다.

② 부재의 깊이에 대한 폭의 비는 0.3 이상이어야 한다.

③ 부재의 폭은 200mm 이상이어야 한다.

④ 부재의 폭은 휨부재 축방향과 직각으로 잰 지지부재의 폭에 받침부 양 측면으로 휨부재 깊이의 3/4을 더한 값보다 작아야 한다.

20 합성기둥에 대한 설명으로 옳지 않은 것은?

① 매입형 합성기둥에서 강재코어의 단면적은 합성기둥 총단면적의 1 % 이상으로 한다.

② 매입형 합성기둥에서 강재코어를 매입한 콘크리트는 연속된 길이방향철근과 띠철근 또는 나선철근으로 보강되어야 한다.

③ 충전형 합성기둥의 설계전단강도는 강재단면만의 설계전단강도로 산정할 수 있다.

④ 매입형 합성기둥의 설계전단강도는 강재단면의 설계전단강도와 콘크리트의 설계전단강도의 합으로 산정할 수 있다.

□ 빠른 정답 p.103
🖉 해설 p.80

본 문제는 국토교통부에서 고시한 건설기준코드(구조설계기준 : KDS 14 00 00, 건축구조기준 : KDS 41 00 00)에 부합하도록 출제함

01 지붕활하중을 제외한 등분포활하중의 저감에 대한 설명으로 옳지 않은 것은?

① 부재의 영향면적이 25m² 이상인 경우 기본등분포활하중에 활하중저감계수를 곱하여 저감할 수 있다.
② 1개 층을 지지하는 부재의 저감계수는 0.5 이상으로 한다.
③ 2개 층 이상을 지지하는 부재의 저감계수는 0.4 이상으로 한다.
④ 활하중 5kN/m² 이하의 공중집회 용도에 대해서는 활하중을 저감할 수 없다.

02 콘크리트구조에 사용되는 용어의 정의로 옳지 않은 것은?

① 계수하중 : 강도설계법으로 부재를 설계할 때 사용하중에 하중계수를 곱한 하중
② 공칭강도 : 강도설계법의 규정과 가정에 따라 계산된 강도 감소계수를 적용한 부재 또는 단면의 강도
③ 압축지배단면 : 공칭강도에서 최외단 인장철근의 순인장변형률이 압축지배변형률 한계 이하인 단면
④ 균형상태 : 인장철근이 설계기준항복강도에 도달함과 동시에 압축연단 콘크리트의 변형률이 극한변형률에 도달하는 상태

03 다음 중 설계하중에서 규정하고 있는 유사활하중과 거리가 먼 것은?

① 손스침하중
② 고정사다리 하중
③ 내벽 횡하중
④ 냉난방 설비 하중

04 철근콘크리트 공사에서 각 날짜에 친 각 등급의 콘크리트 강도시험용 시료 채취기준으로 옳지 않은 것은?

① 하루에 1회 이상
② 250m³당 1회 이상
③ 슬래브나 벽체의 표면적 500m²마다 1회 이상
④ 배합이 변경될 때마다 1회 이상

05 강도설계법에 따른 철근콘크리트 구조 부재에 적용되는 강도감소계수(ϕ)로 옳지 않은 것은?

① 인장지배단면 : 0.85
② 띠철근을 사용한 압축지배단면 : 0.65
③ 전단력과 비틀림모멘트 : 0.75
④ 압축을 받는 무근콘크리트 : 0.65

06 복철근 직사각형보에서 압축철근의 배치목적으로 옳지 않은 것은? (단, 보는 정모멘트(+)만을 받고 있다고 가정한다)

① 전단철근 등 철근 조립 시 시공성 향상을 위하여
② 크리프 현상에 의한 처짐량을 감소시키기 위하여
③ 보의 연성거동을 감소시키기 위하여
④ 보의 압축에 대한 저항성을 증가시키기 위하여

07 그림과 같은 강봉의 자유단 B에 힘 P = 200kN이 작용할 때, 이 봉의 늘어난 길이[mm]는? (단, 이 봉의 지름은 20mm이고, 탄성계수는 200,000MPa 이며, 면적계산시 π는 3으로 적용한다)

① 12.3
② 16.67
③ 24.6
④ 33.3

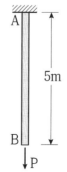

08 철근의 정착길이에 대한 설명으로 옳지 않은 것은? (단, d_b : 철근의 공칭지름[mm]이다)

① 단부에 표준갈고리가 있는 인장 이형철근의 수평정착 길이는 항상 $8d_b$ 이상 또한 150mm 이상이어야 한다.

② 압축 이형철근의 정착길이는 항상 200mm 이상이어 야 한다.

③ 확대머리 이형철근의 인장에 대한 정착길이는 $8d_b$ 또한 150mm 이상이어야 한다.

④ 인장 이형철근의 정착길이는 항상 200mm 이상이어 야 한다.

09 조적식 구조의 용어에 대한 설명으로 옳지 않은 것은?

① 공칭치수는 규정된 부재의 치수에 부재가 놓이는 접합부의 두께를 더한 치수이다.

② 속빈단위조적개체는 중심공간, 미세공간 또는 깊은 홈을 가진 공간에 평행한 평면의 순단면적이 같은 평면에서 측정한 전단면적의 50%보다 적은 조적단위이다.

③ 유효보강면적은 보강면적에 유효면적방향과 보강면과의 사이각의 코사인값을 곱한 값이다.

④ 순단면적은 전단면적에서 채워지지 않은 빈 공간을 뺀 면적이다.

10 다음 중 프리캐스트 콘크리트 관련 용어에 대한 설명으로 옳지 않은 것은? (단, 건축물 프리캐스트 콘크리트구조 설계기준(KDS 41 20 10 : 2024)에 따른다)

① 고연성도(high ductility) : 부재 및 구조시스템의 항복 이후 발생하는 큰 소성변형

② 구조 일체성(structural integrity) : 비정상하중에 의한 부분적인 부재의 손상이나 파괴가 발생하여도 하중 전달경로의 완전한 손상을 방지하여 연쇄붕괴가 발생하지 않는 건전한 상태

③ 동등성 설계(emulative design) : 프리캐스트 콘크리트 구조물이 현장타설 콘크리트 구조물과 같은 일체식 구조물과 동등한 구조성능과 사용성능을 갖도록 설계

④ 현장치기 복합 - 덧침 슬래브 격막(topped composite slab diaphragm) : 프리캐스트 콘크리트 슬래브와 덧침 슬래브가 면내 횡하중에 함께 저항하지 않는 슬래브 격막

11 휨모멘트를 받는 철근콘크리트 부재의 인장철근비를 최대철근비 이상으로 배근할 경우 극한상태에서 나타나는 파괴양상은?

① 압축콘크리트가 인장철근보다 먼저 파괴에 이르러 취성파괴가 발생한다.

② 압축콘크리트가 인장철근보다 먼저 파괴에 이르러 연성파괴가 발생한다.

③ 인장철근이 압축콘크리트 파괴보다 먼저 항복하여 취성파괴가 발생한다.

④ 인장철근이 압축콘크리트 파괴보다 먼저 항복하여 연성파괴가 발생한다.

12 구조용강재의 명칭에 대한 설명으로 옳지 않은 것은?

① SN : 건축구조용 압연 강재

② SS : 건축구조용 열간 압연 형강

③ HSA : 건축구조용 탄소강관

④ SMA : 용접구조용 내후성 열간 압연 강재

13 그림과 같이 캔틸레버 보의 자유단에 집중하중(P)과 집중모멘트(M = P · L)가 작용할 때 보 자유단에서의 처짐비 $\Delta_A : \Delta_B$는? (단, EI 는 동일하며, 자중의 영향은 고려하지 않는다)

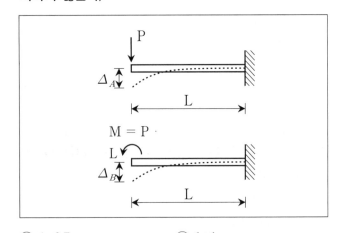

① 1 : 0.5

② 1 : 1

③ 1 : 1.5

④ 1 : 2

14 로드에 연결한 저항체를 지반 중에 삽입하여 관입, 회전 및 인발 등에 대한 저항으로부터 지반의 성상을 조사하는 방법은?

① 동재하시험   ② 평판재하시험
③ 지반의 개량   ④ 사운딩

15 목구조의 이음과 맞춤에 대한 설명 중 옳지 않은 것은?

① 이음과 맞춤의 단면은 외력의 방향에 수평하게 한다.
② 이음과 맞춤의 위치는 가능한 한 응력이 작은 곳에서 한다.
③ 맞춤면은 간단하고 정확히 가공하여 완전히 밀착시킨다.
④ 맞춤부위에 보강을 위하여 접착제를 사용할 수 있다.

16 다음 그림과 같은 단순보에서 A점과 B점의 수직반력이 같을 때 B점에 작용하는 모멘트m [kN · m]은?

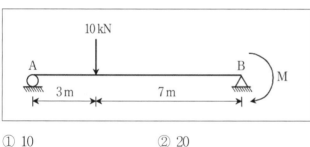

① 10   ② 20
③ 30   ④ 40

17 강구조 이음부 설계세칙에 대한 설명으로 옳지 않은 것은?

① 응력을 전달하는 단속필릿용접 이음부의 길이는 필릿 치수의 5배 이상 또한 25mm 이상을 원칙으로 한다.
② 응력을 전달하는 겹침이음은 2열 이상의 모살용접을 원칙으로 하고, 겹침길이는 얇은쪽 판 두께의 5배 이상 또한 25mm 이상 겹치게 해야 한다.
③ 고력볼트의 구멍중심 간의 거리는 공칭직경의 2.5배 이상으로 한다.
④ 고력볼트의 구멍중심에서 볼트머리 또는 너트가 접하는 재의 연단까지의 최대거리는 판 두께의 12배 이하 또한 150mm 이하로 한다.

18 유효좌굴길이가 4m이고 직경이 100mm인 원형단면 압축재의 세장비는?

① 80   ② 100
③ 180   ④ 240

19 그림과 같은 철근콘크리트 보 단면에서 콘크리트의 공칭 전단강도 Vc [kN] 는? (단, 보통콘크리트를 사용하고, 콘크리트의 설계기준압축강도는 25MPa, 철근의 설계기준항복강도는 400MPa이다)

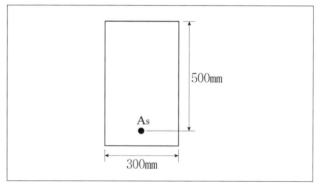

① 109   ② 112
③ 125   ④ 160

20 철근콘크리트 플랫슬래브의 지판 설계에 대한 설명으로 옳지 않은 것은?

① 플랫슬래브에서 기둥 상부의 부모멘트에 대한 철근을 줄이기 위해 지판을 사용할 수 있다.
② 지판은 받침부 중심선에서 각 방향 받침부 중심간 경간의 1/8 이상을 각 방향으로 연장시켜야 한다.
③ 지판의 슬래브 아래로 돌출한 두께는 돌출부를 제외한 슬래브 두께의 1/4 이상으로 하여야 한다.
④ 지판 부위의 슬래브 철근량 계산 시 슬래브 아래로 돌출한 지판의 두께는 지판의 외단부에서 기둥이나 기둥머리면까지 거리의 1/4 이하로 취하여야 한다.

공무원 건축직
실전◈동형 모의고사

건축
계획

문제편

☐ 빠른 정답 p.103
✎ 해설 p.82

01 도서관 출납시스템 중 폐가식에 대한 설명으로 옳지 않은 것은?

① 서고와 열람실을 분리하여 설치한다.
② 자동화된 시스템을 통해 도서의 출납이 이루어지므로, 사서의 업무량이 개가식 서고보다 적다.
③ 대규모 도서관에 적합하다.
④ 도서의 유지 관리가 양호하다.

02 근린주구 계획에서 보행자 중심의 도시 설계를 반영한 대표적인 사례는?

① 래드번(Radburn) 계획
② 뉴어바니즘(New Urbanism)
③ 산업도시(Industrial City)
④ 유기적 도시 계획(Organic City Planning)

03 사무소 건축에서 중앙 코어형 배치의 특징으로 옳은 것은?

① 외벽에 자유로운 창 배치가 가능하다.
② 대규모 사무소 건축에는 부적합하다.
③ 단일용도의 대공간의 필요로 하는 전용사무소에 적합하다.
④ 구조적 안정성이 낮고, 평면의 유효면적을 감소시킨다.

04 주택건축 계획에 대한 설명으로 옳지 않은 것은?

① 숑바르 드 로브(Chombard de Lawve)는 심리적 압박이나 폭력등 병리적 현상이 일어날 수 있는 규모를 8m²/인으로 규정하였다.
② 국제주거회의에서 제시한 기준에 의하면 4인 가족을 위한 최소 평균 주거 면적은 60m²/인이다.
③ 주방 계획은 '재료준비 → 세척 → 가열 → 조리 → 배선 → 식사'의 작업 순서를 고려해야 한다.
④ 한식주택의 평면구성은 폐쇄적이며 실의 조합으로 되어 있고, 양식주택의 평면구성은 개방적이며 실의 분화로 되어있다.

05 다음 중 공조방식 및 특성에 대한 설명으로 옳지 않은 것은?

① 단일덕트 정풍량 방식은 각 실별 부하 변동 대응에 불리하며, 에너지 절약 측면에서 한계가 있다.
② 이중덕트 방식은 혼합상자를 설치하여 실별로 공조 환경을 개별적으로 제어할 수 있으나 에너지 다소비형 공조방식이다.
③ 변풍량 단일덕트 방식(VAV)은 가변풍량 유닛을 통해 개별 제어가 가능하며, 클린룸이나 수술실과 같은 고도의 공조 환경에 적합하다.
④ 단일덕트 정풍량 방식, 단일덕트 변풍량 방식, 이중덕트 방식은 모두 전공기 방식이며, 유인유닛 방식은 공기 수 방식이다.

06 친환경 건축의 목적에 관한 설명으로 옳지 않은 것은?

① 시공과 유지관리에 필요한 에너지와 자원의 수요를 가능한 최소화할 수 있도록 한다.
② 물과 공기의 오염, 외부로 방출되는 열, 폐기물, 폐수의 양과 농도, 토양 포장 등을 최소화한다.
③ 자연에서 서식하는 다양한 종의 동식물들이 인간과 공존할 수 있는 환경을 지향한다.
④ 자동차가 통행하기 편리한 환경을 우선으로 하며, 자연 환경과 공존하는 건축을 위해 도심이 아닌 교외 지역을 우선으로 개발한다.

07 다음 중 각개통기관의 특징으로 옳은 것은?

① 배수관 상단에 설치되어 과압 방지를 주목적으로 한다.
② 각 배수구별로 설치되어 배수 시 발생하는 진공을 방지한다.
③ 배수트랩에 직접 설치하지 않고, 다른 통기방식의 보조적 통기관으로 기능한다.
④ 환상 형태로 트랩에 설치되어 압력 균형을 유지한다.

08 극장무대와 관련된 용어의 설명으로 옳지 않은 것은?

① 플라이 갤러리(fly gallery)는 그리드아이언에 올라가
는 계단과 연결되는 좁은 통로이다.

② 록레일(rock rail)은 와이어로프를 한 곳에 모아서 조
정하는 장소로 작업이 편리하고 다른 작업에 방해가
되지 않는 위치가 좋다.

③ 사이클로라마(cyclorama)는 무대의 제일 뒤에 설치되
는 무대 배경용 벽으로 무대 고정식과 가동식이 있다.

④ 그린룸(green room)은 특수효과를 위해 녹색 등의 특
정 색상을 배경으로 하는 영상을 촬영하기 위한 공간
이다.

09 고대 건축에 대한 설명으로 옳지 않은 것은?

① 인슐라는 급격한 인구증가로 인해 생겨나기 시작한
건축형식으로 로마시대 서민을 위한 다층 구조의 집
합주택이다.

② 컴포지트 오더는 이오니아식과 코린트식을 결합한 화
려한 양식이다.

③ 조세르왕의 피라미드는 마스타바 구조를 응용한 초기
석조 피라미드다.

④ 우르의 지구라트는 사각형 평면을 가지고 있으며, 각
면이 각각 동, 서, 남, 북을 향하도록 하였고, 종교적
기능만 수행했다.

10 건축법상 용어의 정의에 대한 설명으로 옳지 않은 것은?

① '거실'이란 건축물 안에서 거주, 집무, 작업, 집회, 오
락, 그 밖에 이와 유사한 목적을 위하여 사용되는 방
을 말한다.

② 주계단, 피난계단 또는 특별 피난계단을 증설 또는 해
체하거나 수선 변경하는것은 대수선에 해당한다.

③ 기존 건축물의 전부 또는 일부를 해체하고 그 대지 안에
종전과 같은 규모의 범위 안에서 건축물을 다시 축조
하는 것은 재축에 해당한다.

④ 고층 건축물이란 층수가 30층 이상이거나 높이가
120m 이상인 건축물이다.

11 다음 중 공포 양식에 대한 설명으로 가장 거리가 먼 것은?

① 주심포계 양식은 기둥 위에 공포를 배치하고, 다포계
양식은 기둥 사이에도 공포를 배치한다.

② 다포계 양식은 주심포계 양식보다 기둥의 배흘림이
강조되며, 구조적으로 더 단순하다.

③ 익공계 양식은 소박하고 기능적인 공포 처리로 고려
후기 건축에 많이 사용되었다.

④ 다포계 양식은 창방과 평방을 사용하여 구조적 안정
성을 높인다.

12 학교 건축의 교사배치계획에서 분산병렬형(Finger plan)
에 대한 설명으로 옳지 않은 것은?

① 대지에 여유가 있어야 하며, 각 교사동 사이에 정원
등 오픈스페이스가 생겨 환경이 좋아진다.

② 편복도 사용 시 유기적인 구성을 취하기 쉽고, 동선이
짧아 효율적이다.

③ 일조, 통풍 등 환경조건이 균등하고 구조계획이 간단
하며 규격형 이용이 편리하다.

④ 편복도로 할 경우 복도면적이 커지고 길이도 길어져
단조로워진다.

13 다음 중 미술관 건축계획에 대한 설명으로 옳지 않은 것은?

① 디오라마 방식은 전시물을 3차원적으로 구성하여 관
람객에게 현장감을 제공한다.

② 아일랜드 전시는 벽이나 천장을 직접 이용하지 않고
전시물 또는 전시 장치를 배치함으로써 전시 공간을
만들어내는 전시기법이다.

③ 중앙홀 형식은 장래 확장에 유리하다.

④ 측광창은 소규모 전시실 이외에는 부적합하며, 광선
의 확산, 광량 조절 설비를 병용하는 것이 좋다.

14 『장애인 · 노인 · 임산부 등의 편의증진 보장에 관한 법률』 시행규칙상 세부기준에 대한 설명으로 옳지 않은 것은?

① 손잡이의 높이는 바닥면으로부터 0.8m 이상 0.9m 이하로 하여야 한다.

② 건축물 주 출입구 0.3m 전면에는 점형블록을 설치하거나 시각 장애인이 감지할 수 있도록 바닥의 질감을 달리하여야 한다.

③ 장애인을 위한 출입문의 유효폭은 1.2m 이상으로 하여야 한다.

④ 주차 공간의 바닥면은 높이 차가 없도록 하며, 기울기는 50분의 1 이하로 하여야 한다.

15 일정한 실내온도 이상에서 작동하는 기능을 포함하고 있는 '자동화재탐지설비'만을 모두 고르면?

ㄱ. 정온식 감지기	ㄴ. 차동식 감지기
ㄷ. 보상식 감지기	ㄹ. 광전식 감지기

① ㄱ, ㄷ   ② ㄱ, ㄹ
③ ㄴ, ㄷ   ④ ㄴ, ㄹ

16 대지면적의 산정에 대한 설명으로 옳지 않은 것은?

① 대지면적은 표면적이 아닌 수평투영면적으로 산정한다.

② 건축선이 정해진 경우에 그 건축선과 도로 사이의 면적은 대지면적 산정에서 제외한다.

③ 대지 안에 도시계획시설인 도로, 공원이 있는 경우에 그 도시계획시설에 포함되는 부분은 대지면적 산정에 포함시킨다.

④ 기준도로폭 미달로 도로확보를 위해 후퇴한 건축선과 도로 사이의 면적은 대지면적 산정에서 제외한다.

17 조선시대 건축에 대한 설명 중 옳지 않은 것은?

① 사찰 등 대규모 건축물에는 각형기둥을 사용하였고, 유교를 통치이념으로 삼았기 때문에 화려한 조형성을 가진 건축이 주류를 이루었다.

② 조선시대 서원의 시작은 1543년 주세붕이 세운 백운동서원이다.

③ 서원건축은 전묘 후학의 배치 형식이 특징이다.

④ 조선시대 후기 이후부터 방바닥 전체에 구들을 설치하는 전면 온돌이 지배층의 주택에서 널리 사용되었다.

18 필리포 브루넬레스키(Fillipo Brunelleschi)에 대한 설명으로 옳지 않은 것은?

① 혁신적인 기하학적 투시도법을 창안하였다.

② 전통적인 축조방식이 아닌 2중 쉘 구조를 활용하여 돔을 설계하였다.

③ 성 스피리토 성당, 파치 예배당, 오스프델레 데글리 인노첸티(보육원)등을 설계하였다.

④ 도나토 브라만테 등과 함께 고딕을 대표하는 건축가이다.

19 적당한 건축물의 규모와 관련하여 건축법령에서 규정하고 있지 않은 것은?

① 건폐율

② 가로구역별 최고 높이 제한

③ 용적률

④ 용도별 한계기준면적

20 다음 중 사무소 건축의 코어(Core)에 대한 설명으로 옳지 않은 것은?

① 양단코어형은 피난 방재에 유리한 코어 유형이다.

② 중심코어형은 고층 건축물에 적합하며, 바닥면적이 작을수록 효율적이다.

③ 코어는 수직교통시설과 설비시설이 집중 배치되어, 내력 구조체의 역할을 할 수 있다.

④ 편심코어형은 바닥면적이 작은 사무소에 유리하며, 바닥면적이 증가할 경우 추가적인 피난시설과 설비 샤프트가 필요하다.

01 다음 중 메조네트형(maisonette type) 주택의 특징으로 옳지 않은 것은?

① 수직 방향 인접 세대와 접하는 슬래브 면적이 감소하여 층간 소음이 감소한다.

② 공용면적이 플랫형보다 증가하나, 채광과 통풍에 유리하다.

③ 엘리베이터의 정지 층수를 줄여 수직 동선 효율성이 높아진다.

④ 일반적으로 대규모 주택단위에 적합하다.

02 도서관의 서고계획에 대한 설명으로 옳지 않은 것은?

① 도서관 건축에서 모듈러의 크기는 서가 배열과 관련되어 있으며 중요한 설계요소이다.

② 서고의 65~70%가 찰 경우에는 기존 시설의 확충을 고려해야 한다.

③ 서고 면적 1m²당 약 300권의 도서를 수장할 수 있도록 계획한다.

④ 서고는 내진 및 내화 성능을 고려한 구조로 하여야 한다.

03 제로에너지건축물의 설계 시 고려해야 할 주요 설계 요소로 가장 적합하지 않은 것은?

① 단열과 기밀성능 향상을 위한 고성능 단열재와 기밀 테이프 적용

② 에너지 자립률 향상을 위한 신재생에너지 기술 도입

③ 열회수형 환기장치 사용

④ 냉난방 부하를 증가시키기 위한 대형 유리창 설치

04 병원건축의 수술부 계획에 대한 설명으로 옳지 않은 것은?

① 수술실의 공기조화설비를 할 때는 오염 방지를 위해 1종 또는 2종 환기 방식을 채택하고, 정풍량(CAV) 방식으로 하여야 한다.

② 멸균재료부(C.S.S.D.)에 수직 및 수평적으로 근접이 쉬운 장소이어야 한다.

③ 건축물의 익단부에 설치한다.

④ 수술실의 온도는 26.6℃ 이하로 하고, 습도는 63% 이상으로 하여야 한다.

05 건축물의 급탕방식에 대한 설명으로 옳지 않은 것은?

① 순간식 급탕방식은 저탕조를 갖지 않고, 기기 내의 배관 일부를 가열기에서 가열하여 탕을 얻는 방법으로 소규모 주택, 아파트 등에 이용된다.

② 증기취입식 급탕방식은 수조에 스팀 사일렌서(steam silencer)를 이용하여 직접 증기를 취입해서 온수를 만드는 방법을 말하며, 병원이나 공장 등에 이용된다.

③ 간접가열식 급탕방식은 저탕조 내에 가열코일을 설치하고 고압보일러에서 만들어진 증기 또는 고온수를 가열코일 내로 통과시켜 물을 가열하는 방식으로 대규모 건축물에 많이 이용된다.

④ 직접가열식 급탕방식은 중·소규모 건축물에 주로 사용되며 하나의 보일러로 난방과 급탕을 겸할 수 있고 보일러 배관에 스케일 발생이 적다.

06 일사와 일조에 대한 다음 설명으로 옳은 것은?

① 남측창에는 수직차양이 적합하다.

② 일차 차단 효과는 차양을 실외에 설치할 때보다 실내에 설치할 때에 높다.

③ 일사량은 단위면적당 태양으로부터 받는 복사에너지를 나타내며, 단위는 W/m²이다.

④ 측창의 일사량은 천창의 3배이다.

07 다음 중 BIM(Building Information Modeling)에 대한 설명으로 옳지 않은 것은?

① 건축 설계, 분석, 시공 및 관리의 효율성 극대화를 위해 설계의 건설요소별 객체정보를 담아낸 3차원의 모델링 기법이다.

② 설계 데이터에서 자재의 물량 산출과 비용 추정을 자동화하여 공사비를 효율적으로 관리할 수 있다.

③ 복잡한 곡면형태를 가진 비정형 형태의 건축물도 물량산출이 가능하다.

④ 건축물 완공 후 운영 단계에서는 BIM 데이터가 더 이상 활용되지 않는다.

08 결로에 대한 설명으로 가장 옳지 않은 것은?

① 결로는 실내외 온도 차, 실내습기의 과다발생, 환기부족, 구조재의 열적 특성, 시공 불량 등 다양한 원인으로 발생하며, 이는 결로의 유형과 위치를 결정한다.

② 장시간 낮은 온도로 난방하면 표면 온도의 급격한 변화 없이 안정적으로 유지되므로 결로 방지에 효과적이다.

③ 건물의 기밀성을 강화하면 결로 발생을 완전히 차단할 수 있다.

④ 내부결로를 방지하기 위해서는 외단열방식이 내단열방식보다 효과적이다.

09 다음 중 복사난방에 대한 설명으로 옳지 않은 것은?

① 복사난방은 방열면에서 발생하는 복사열을 이용하며, 방이 개방된 상태에서도 난방 효과가 유지된다.

② 복사난방은 대류현상이 적어 실내에 먼지가 상승하지 않는다.

③ 복사난방은 바닥면을 활용하며, 바닥의 효율적 이용이 가능해 상업시설뿐 아니라 주거용에도 적합하다.

④ 복사난방은 실내에 주로 설치하므로 열 손실을 막기 위한 별도의 단열층은 필요 없다.

10 공장건축의 레이아웃에 대한 설명으로 가장 옳지 않은 것은?

① 고정식 레이아웃 방식은 제품이 크고 수가 많을 때 사용한다.

② 공정중심의 레이아웃은 다품종 소량생산으로 예상 생산이 불가능한 경우에 적합하다.

③ 제품중심의 레이아웃은 대량생산에 유리하고 생산성이 높다.

④ 가전전기제품 조립공장은 주로 제품 중심의 레이아웃을 적용한다.

11 다음 중 궁궐건축에 대한 설명으로 틀린 것은?

① 덕수궁의 정문은 대한문이며, 서양식 건축물인 석조전과 돈덕전이 있다.

② 창경궁의 정문은 홍화문이며 정전은 명정전으로 정전이 서향을 한 특유한 예이다.

③ 창덕궁과 창경궁은 연결되어 있으며 두 궁을 동궐이라고 부르기도 하였다.

④ 경복궁의 정문은 광화문이며 중층의 건축물이다.

12 건축물의 피난 방화구조 등의 기준에 관한 규칙상 연면적 200m²를 초과하는 건물에 설치하는 계단의 설치기준으로 옳지 않은 것은?

① 높이가 3m를 넘는 계단에는 높이 3m 이내마다 유효너비 120cm 이상의 계단참을 설치할 것

② 높이가 1m를 넘는 계단 및 계단참의 양옆에는 난간(벽 또는 이에 대치되는 것을 포함한다)을 설치할 것

③ 너비가 3m를 넘는 계단에는 계단의 중간에 너비 3m 이내마다 난간을 설치하되, 계단의 단높이가 15cm 이하이고 계단의 단너비가 30cm 이상인 경우에는 그러하지 아니함

④ 계단의 유효높이(계단의 바닥 마감면부터 상부 구조체의 하부 마감면까지의 연직방향의 높이를 말한다)는 1.8m 이상으로 할 것

13 다음 중 건축 사조와 건축가의 연결이 옳지 않은 것은?

① 데 스틸 - 게리트 리트벨트
② 빈 분리파 - 에릭 멘델존
③ 독일공작연맹 - 피터 베렌스
④ 시카고파 - 루이스 설리반

14 다음 중 건축신고의 대상이 아닌 것은?

① 일반주거지역 내 연면적 90m²(1층) 규모의 단독주택 신축
② 일반공업지역 내 연면적 600m² (2층) 규모의 공장 신축
③ 일반상업지역 내 연면적 150m²(1층)의 사무실을 80m² 수평 증축
④ 농림지역 내 연면적 100m²(2층) 규모의 창고 신축

15 다음 용어에 대한 설명으로 옳지 않은것은?

① 대지면적은 대지의 수평투영면적으로 정의된다.
② 연면적은 지하층을 제외한 건축물 각층 바닥면적의 합계이다.
③ 층고는 실의 바닥 구조체 윗면에서 위층 바닥 구조체 윗면까지이다.
④ 건축면적은 건축물의 외벽 중심선으로 둘러싸인 부분의 수평 투영면적이다.

16 근린주구 이론에 대한 설명으로 옳지 않은 것은?

① 페더(G. Feder)는 새로운 도시를 발표하여 단계적인 생활권을 바탕으로 도시를 조직적으로 구성하고자 하였다.
② 라이트(Henry Wright)와 스타인(Clarence Stein)은 보행자와 자동차 교통의 분리를 특징으로 하는 래드번(Radburn)을 설계하였다.
③ 하워드(Ebenezer Howard)는 도시와 농촌의 장점을 결합한 전원도시 계획안을 발표하고, 내일의 전원도시를 출간하였다.
④ 페리(Clarence Perry)는 런던 교외 신도시지역인 레치워스(Letchworth)와 웰윈(Welwyn) 지역의 계획에서 일조문제와 인동간격의 이론적 고찰을 통해 근린주구이론을 정리하였다.

17 르네상스 시대의 궁전 건축물을 지칭하는 용어는?

① 아크로폴리스(Acropolis)
② 아고라(Agora)
③ 팔라초(Palazzo)
④ 포럼(Forum)

18 다음 중 주심포식 건축물이 아닌것은?

① 부석사 조사당
② 석왕사 응진전
③ 강릉 객사문
④ 관룡사 약사전

19 성인 1인당 소요공기량 50m³/h, 실내 자연환기횟수 2회/h, 천장 높이 4m라고 가정하고 주거건물의 침실공간을 계획할 때, 성인 4인용 침실의 면적은?

① 15m² ② 20m²
③ 25m² ④ 30m²

20 체육관의 공간구성과 세부계획에 대한 설명으로 옳지 않은 것은?

① 체육관의 공간은 경기영역, 관람영역, 관리영역으로 구분할 수 있다.
② 경기장과 운동기구 창고는 경기영역에 포함된다.
③ 천장높이는 일반적으로 탁구경기장은 최저 4.0m, 배구경기장은 최저 6m가 필요하다.
④ 출입통로, 탈의통로, 탈의실과 샤워실을 연결하는 웨트 존(wet zone)통로 등은 위생적인 측면에서 교차되어서는 안된다.

□ 빠른 정답 p.103
∅ 해설 p.88

01 학교의 운영방식에 대한 설명으로 옳지 않은 것은?

① P형은 각 학급을 2분단으로 나누어 한쪽이 일반교실을 사용할 때 다른 한쪽은 특별교실을 사용한다.

② D형은 학년과 학급의 구분이 없이 능력제로 일정한 교과를 수료하면 졸업하는 방식이며, 출석 학생 수 예측이 어렵다.

③ E형은 학급 수보다 일반교실의 수가 많으므로 이용율을 높일 수 있다.

④ V형은 일반교실이 없고 학생의 이동량이 많다.

02 극장의 관람석과 평면의 감상 거리한계에 대한 내용으로 옳지 않은 것은?

① 그랜드 오페라나 뮤지컬의 관람한계는 35m이다.

② 배우의 표정이나 동작을 상세히 감상할 수 있는 한계 거리는 생리적 한계이다.

③ 배우의 일반적인 동작이 보이는 한계는 2차 허용한계로 35m이다.

④ 아동극이나 인형극에서의 관람한계는 1차 허용한계로 15m이다.

03 다음 중 수격작용(water hammering)의 발생원인으로 옳지 않은 것은?

① 밸브 또는 수전을 급조작하여 유속의 급정지가 발생하는 경우

② 고양정의 펌프를 사용하였을 때

③ 관의 곡관부에 과압이 걸릴 때

④ 관내의 유속이 급격히 감소하였을 때

04 다음 중 건축의 형태구성원리에 포함되지 않는 것은?

① 대칭 ② 균형
③ 질감 ④ 축

05 다음 중 열에 대한 특성으로 옳지 않은 것은?

① 전도는 고체분자와 유체분자 또는 유체 사이에서 일어나는 열 전달 형태이다.

② 복사는 전자기파로 전해지는 열의 형태로 매질이 없어도 열 전달이 이루어진다.

③ 건축물의 벽체 내부 및 외부 표면에서 일어나는 열 전달 형태는 대류이다.

④ 온도와 부피는 모두 현열의 함수이다.

06 사무소의 건축계획에 대한 설명으로 옳지 않은 것은?

① 사무소 건축에서는 주차구획과 업무공간, 코어의 위치를 고려한 모듈계획이 바람직하다.

② 편심코어는 대규모의 사무소 건축에 가장 적합한 코어형식이다.

③ 오피스 랜드스케이핑은 획일적 배치가 아닌 실체적 업무 및 작업 패턴을 기반으로 한 배치형식이다.

④ 개실 배치 형태가 개방식 배치에 비해 임대에 유리하다.

07 서양 건축양식에 대한 설명 중 옳지 않은 것은?

① 비잔틴 양식은 4세기~15세기에 걸친 건축양식으로, 건축 실례로는 성 비탈레 성당, 성 이레네 성당, 성 마르크 성당이 있다.

② 성 소피아 성당은 본래 기독교 분파의 예배당이었으나 이슬람 세력의 점령으로 모스크로 변화하면서 정면에 미나렛이 세워졌다.

③ 고딕 양식은 12세기~16세기에 나타난 건축양식이며, 로마네스크 양식에서 나타났던 플라잉 버트레스가 이 시기에 더욱 두껍고 단단한 버트레스로 발전하였다.

④ 르네상스 양식은 15세기~17세기에 나타난 건축양식이며, 구조적인 특징으로는 돔 하부의 드럼(drum)을 높게 하고 여기에 창을 두어 내부 공간에 신비로운 채광효과를 높인 점을 들 수 있다.

08 박물관의 건축유형에 대한 설명으로 옳지 않은 것은?

① 분동형(pavilion type)은 넓은 대지가 필요하다.

② 개방형(open plan type)은 분산된 여러 개의 전시실이 광장을 중심으로 건물군을 이루는 형식으로, 많은 관람객의 집합, 분산, 신별 관람에 유리하다.

③ 집약형은 단일 건축물 내에 대형 및 소형 전시관을 집약하여 특정 주제별 전시에 유리하다.

④ 중정형(court type)은 분산된 여러 개의 전시실이 작은 광장 주변에 분산 배치되는 형식으로, 자연채광을 도입하는 데 유리하다.

09 익공식 건축물에 대한 설명으로 옳지 않은 것은?

① 주요 건축물로는 강릉 오죽헌, 경복궁 경회루 등이 있다.

② 향교, 서원 등의 유교 건축물에 주로 사용되었다.

③ 익공식 건축물은 조선시대에 일반화되어 크게 성행하였으며 대규모 건축물을 중심으로 많이 사용되었다.

④ 익공은 창방과 직교하여 보를 받치는 짧은 부재를 말한다.

10 쇼핑센터의 몰(mall)에 관한 설명으로 옳지 않은 것은?

① 몰은 확실한 방향성과 식별성이 요구된다.

② 몰의 폭은 8~15m이며 250~300m가 적정범위이고 300m를 초과하지 않도록 하는 것이 바람직하다.

③ 일반적으로 공기조화에 의해 쾌적한 실내기후를 유지할 수 있는 클로우즈드 몰(closed mall)이 선호된다.

④ 몰의 길이가 길어지면 보행자에게 피로와 지루함을 유발하므로 20~30m마다 변화를 주어 단조로운 느낌이 들지 않도록 한다.

11 공동주택 설계에 대한 내용으로 옳은 것은?

① 차량동선은 9m(버스), 6m(소로), 3m(주거동 진입도로)의 3단계 정도로 한다.

② 배치계획에서 고려해야 할 것은 차량 통행동선과 보행동선의 유기적 연결, 일조, 풍향, 방화 등이다.

③ 피난층 외의 층에서는 피난층 또는 지상으로 통하는 직통계단을 거실에서 직통계단까지의 보행거리가 30m 이하가 되도록 설치해야 한다.

④ 계단참의 설치 높이는 3m 이내마다 너비 1.5m 이상으로 계획하여야 한다.

12 스프링클러 설비시설에 대한 설명으로 옳지 않은 것은?

① 개방형 스프링클러 설비의 배관 내 압력은 대기압 상태이며, 스프링클러 헤드는 개구되어 있다.

② 내화구조인 경우 스프링클러 헤드 1개의 유효 반경은 1.7m이다.

③ 습식 스프링클러 설비는 배관에 가압수가 채워져 있으며 스프링클러 헤드는 폐쇄형이다.

④ 스프링클러 설비는 물을 약제로 사용하는 자동식 소화설비이다.

13 다음 중 주요 구조부에 해당되는 것은?

① 기초 ② 작은보
③ 샛기둥 ④ 주계단

14 주차장법 시행규칙상 노외주차장 출구 및 입구를 설치하기 적합하지 않은 위치는?

① 횡단보도, 육교 및 지하 횡단보도로부터 10m 이격된 도로의 부분

② 너비 5m, 종단 기울기 12%인 도로

③ 교차로의 가장자리나 도로의 모퉁이로부터 20m 이격된 도로의 부분

④ 유치원, 초등학교, 특수학교, 노인복지시설, 장애인 복지시설, 아동 전용 시설 등의 출입구로 부터 30m 이격된 도로의 부분

15 다음 중 건축가와 작품, 사조가 바르게 연결된 것으로 옳은 것은?

> ㄱ. J. G Soufflot − 판테온 − 신 고전주의
> ㄴ. Philip S. Webb − 레드 하우스 − 수공예운동
> ㄷ. Antoni Gaudi − 로비 하우스 − 아르누보
> ㄹ. Walter Gropius − 파구스 제화공장 − 바우하우스
> ㅁ. Erich Mendelsohn − 아인슈타인 타워 − 시세션

① ㄱ, ㅁ   ② ㄷ, ㄹ
③ ㄱ, ㄴ, ㄹ   ④ ㄴ, ㄷ, ㅁ

16 다음 중 빛의 단위에 대한 설명 중 옳지 않은 것은?

① 광속의 단위는 lm이며 조도의 단위는 lm/m²이다.
② 휘도의 단위는 cd/m²이며 휘도가 높으면 눈부심이 크다.
③ 광도는 광원에서 발산하는 빛의 세기를 말하며 단위는 니트(nt)이다.
④ 조도는 일반적으로 실의 밝기를 나타내는 데 사용된다.

17 한국의 근현대 건축가와 그 설계 작품을 바르게 연결한 것은?

① 김수근 − 부여 박물관
② 류춘수 − 자유센터
③ 이희태 − 주한 프랑스 대사관
④ 김중업 − 상암 월드컵 경기장

18 방재설비에 대한 내용으로 옳지 않은 것은?

① 층수가 11층 이상인 건축물에는 비상 콘센트 설비를 한다.
② 건축물의 높이가 15m인 건축물은 피뢰설비를 하지 않아도 된다.
③ 지표 또는 수면으로부터 70m 이상의 건축물에는 항공장애등을 설치해야한다.
④ 준비작동식 스프링클러는 감지기가 필요하다.

19 육상경기장에 대한 설명으로 옳지 않은 것은?

① 2심원형은 필드를 넓게 사용할 수 있는 장점이 있으나 소규모 트랙을 사용하기에는 불편하다.
② 관객의 입장시간은 통로 및 출입구 폭 계획의 기준이 된다.
③ 관람석 좌석의 높이는 발밑에서 최고 45cm로 한다.
④ 운동장의 장축은 남북방향으로 배치하고 오후의 서향 일광을 고려하여 경기장 본부석은 서편에 둔다.

20 「국토의 계획 및 이용에 관한 법률」의 주거지역 중 단독주택을 중심의 양호한 주거환경을 보호하기 위하여 필요한 지역은?

① 1종 전용주거지역
② 3종 일반주거지역
③ 3종 전용주거지역
④ 준주거지역

01 백화점의 수직 동선계획에 대한 설명으로 옳은 것은?

① 에스컬레이터는 엘리베이터에 비해 수송량 대비 점유면적이 작아 가장 효율적인 수송수단이다.

② 3대 이상의 엘리베이터를 필요로 할 때, 또는 1,000인/h 이상의 수송력을 필요로 하는 경우 엘리베이터보다 에스컬레이터를 설치하는 것이 유리하다.

③ 교차식에는 연속식과 단속식이 있으며 에스컬레이터 배치 형식 중 가장 점유면적이 작다.

④ 에스컬레이터는 고객의 40~60%가 이용하므로 주출입구와 엘리베이터 존의 중간에 배치하는 것이 적절하다.

02 공장의 지붕형식에 대한 설명으로 옳은 것은?

① 톱날 지붕의 채광창은 북향으로 하루 종일 변함없는 조도의 직사광을 받아들여 작업 능률에 지장이 없도록 한다.

② 샤렌지붕은 채광 환기 등에 대해서는 연구의 여지가 있으나, 기둥이 적게 소요되어 기계배치의 융통성 및 작업능률의 증대를 기대할 수 있다.

③ 뾰족지붕은 직사광선 허용도가 가장 낮아 부드러운 실내조도를 구현한다.

④ 솟을지붕은 채광에는 유리하나 환기측면에서는 불리하다.

03 미술관의 건축계획에 대한 설명으로 옳지 않은 것은?

① 미술관에 아트리움을 설치하면 색 온도가 높고, 자외선 포함률이 낮은 자연광이 들어오므로 회화의 직접 전시에 적합한 조도를 얻을 수 있다.

② 회화를 감상하는 시점의 위치는 화면 대각선의 1~1.5배가 적절하다.

③ 화면 또는 유리 전시관을 사용한 전시를 할 경우, 유리에 주변환경이나 영상이 나타나지 않도록 유리 전시관 내부의 휘도를 높게 한다.

④ 프랭크 로이드 라이트의 뉴욕 구겐하임 미술관은 전시공간 중앙에 아트리움이 삽입된 중앙홀 형식의 변형이다.

04 극장 건축계획에 대한 설명으로 옳지 않은 것은?

① 극장 화장실은 사용 수량을 중간값으로 하여 혼잡한 경우 어느 정도의 불편은 감수하도록 하여야 한다.

② 그리스와 로마의 극장형식은 아레나 형식으로 관객이 무대를 360도 둘러싼 형태이다.

③ 객석의 평면형태가 타원형인 경우 음향적으로 불리하며, 각 객석에서 무대 전면이 모두 보여야 하므로 수평시각은 작을수록 이상적이다.

④ 객석 양쪽에 있는 바닥면적 800m² 공연장의 세로통로는 80cm 이상을 확보한다.

05 트랩에 대한 설명으로 옳지 않은 것은?

① 봉수 깊이가 너무 깊으면 유수저항이 커지고, 봉수 능력이 저하되므로 50~100mm가 적절하다.

② 배수 소음을 제거하는 역할도 봉수의 주된 역할 중 하나이다.

③ S 트랩은 사이펀계 트랩으로 봉수가 파괴되기 쉽다.

④ 드럼트랩은 봉수의 보유량이 가장 많고, 벨트랩은 화장실 바닥배수에 주로 사용되는 트랩이다.

06 친환경 건물의 에너지 절약을 위한 설계 전략으로 옳지 않은 것은?

① 광선반을 사용하여 직사광을 실내로 더욱 깊게 유입하여 충분한 조도를 확보한다.

② 천장면은 경사지거나 구부러지게 하여 외부로부터 들어오는 자연광을 분산시킨다.

③ 지하공간은 채광덕트를 사용하여 충분한 광량을 확보한다.

④ 남측창에 축열벽을 설치하여 채광과 조망을 충분히 확보하고, 겨울철 난방 에너지를 절약한다.

07 서양건축 사조에 대한 설명으로 옳지 않은 것은?

① 산업혁명기에 영국에서 시작된 수공예운동은 예술가와 산업가의 긴밀한 연결을 통하여 수공예품 및 공산품의 질적, 예술적 품질향상을 도모하였다.

② 아르누보 건축 실례로는 안토니 가우디의 카사밀라, 구엘공원, 사그라다 파밀리아, 카사 바트요 등이 있다.

③ 구성파 건축은 1913년 말레비치가 창시한 절대주의에서 파생된 추상예술 운동이다.

④ 시세션 건축은 1897년 오스트리아 빈에서 시작되었으며, 경제적인 구조, 간소하고 실용적인 건축을 추구했다.

08 배관 내 공기체류를 유발하기 쉽고, 유체의 저항손실이 큰 밸브는?

① 체크 밸브

② 글로브 밸브

③ 슬루스 밸브

④ 볼밸브

09 다음 중 각 시설별 세부계획에 대한 내용으로 옳지 않은 것은?

① 그리드 아이언(grid iron)은 무대 천장 밑의 제일 낮은 보 밑에서 1.8m 높이에 바닥을 위치하면 된다.

② 영업장의 연면적은 5~10m²/인, 천장 높이는 5~7m가 적당하며, 객장면적의 3.5~5배 정도로 한다.

③ 주거건축의 거실 면적 구성비는 연면적의 25~30% 정도이고, 1인당 소요바닥면적은 4~6m²가 적당하다.

④ 플라이로프트(fly loft)는 무대의 상부 공간으로, 이상적인 높이는 프로시니엄 아치 높이의 4배 이상이다.

10 다음 중 공동주택에 대한 설명 중 옳은 것은?

① 메조넷형은 단층 및 복층형에서 반 층씩 어긋나게 배치하는 형식이다.

② 판상형은 탑상형에 비해 조망이 좋고, 다른 주동에 미치는 일조의 영향이 크다.

③ 복층형은 통로면적이 감소하고 다양한 입면창출이 가능하며, 임대 면적이 증가하고 프라이버시 역시 좋다.

④ 중복도형은 대지의 이용률이 높고 주거 환경이 좋아 고밀형 주거에 적합하지만, 채광 통풍의 용이성을 위해 40m 이내마다 1개소 이상 외기에 면하는 개구부를 설치하여야만 한다.

11 음환경 및 색채환경에 대한 설명 중 옳지 않은 것은?

① 음압레벨이 20dB에서 80dB로 증가하면 음압은 100배 증가한다.

② 건물의 형태, 재료, 용도 등에 따라 배색 계획을 수립한다.

③ 먼셀의 색입체에서 명도는 흑색, 회색, 백색의 차례로 배치되며, 흑색은 0, 백색은 10으로 표기된다. 색채기호 7.5Y 5/10은 색상이 7.5Y, 명도는 5, 채도는 10을 의미한다.

④ 측벽은 객석 후면의 음을 보강하는 역할을 하며, 특히 확성 장치를 하지 않은 오디토리움에 있어서는 유용하게 이용된다.

12 다음 설명에 해당하는 급수 방식은?

> • 탱크와 펌프가 필요하며 국부적으로 고압이 필요한 경우에 적절한 방식이다.
> • 큰 기계실을 필요로 한다.
> • 급수압의 변동이 크고 유지관리비가 많이 소요된다.

① 수도직결방식
② 고가수조방식
③ 압력탱크방식
④ 펌프직송방식

13 건축법규에 대한 설명으로 옳은 것은?

① 노인주거복지시설에는 노인공동생활가정, 노인 복지관, 양로시설이 있다.
② 장애인 출입문의 전면 유효거리는 1.2m 이상으로 하여야 하며, 점자블록의 크기는 0.4m×0.4m인 것을 표준형으로 한다.
③ 접근로의 기울기는 18분의 1 이하여야 하며, 다만 지형상 곤란한 경우에는 12분의 1까지 완화할 수 있다.
④ 장애인용 승강기의 승강장 전면 활동공간은 1.3m×1.3m 이상 확보하여야 한다.

14 건축물의 설비기준 등에 관한 규칙상 공동주택 및 다중이용 시설의 환기설비기준에 대한 설명으로 옳지 않은 것은?

① 환기구는 보행자 및 건축물 이용자의 안전이 확보되도록 바닥으로부터 2m 이상의 높이에 설치하는 것이 원칙이다.
② 신축 또는 리모델링하는 30세대 이상의 공동주택은 시간당 0.5회 이상의 환기가 이루어질 수 있도록 자연환기설비 또는 기계환기설비를 설치하여야 한다.
③ 다중이용시설의 기계환기설비 용량기준은 시설이용 인원당 환기량을 원칙으로 산정한다.
④ 환기구를 안전펜스 또는 조경 등을 이용하여 보행자 및 건축물 이용자의 접근을 차단하는 구조로 하는 경우에는 안전펜스와 조경의 높이보다 환기구가 높이 설치되어야 한다.

15 다음 중 한국건축사에 대한 설명 중 옳지 않은 것은?

① 익공식 건축물은 서울 동묘, 충무 세병관, 제주 관덕정, 해인사 대장경판고, 범어사 대웅전 등이 있다.
② 주심포식과 다포식의 절충식 건축물의 주요 사례로는 서산 개심사 대웅전, 평양 숭인전, 평양 보통문 등이 있다.
③ 부석사 무량수전, 봉정사 극락전, 수덕사 대웅전, 성불사 극락전은 고려시대 건축물이다.
④ 고려 초기에는 기둥위에 공포를 배치하는 주심포식 구조가 주류를 이루었고, 고려 말경에는 창방 위에 평방을 올려 구성하는 다포식 구조형식을 사용하였다.

16 자연환기에 대한 설명으로 옳은 것은?

① 중력환기의 경우 개구부의 면적이 클수록 유체의 저항이 작아져 환기량이 줄어든다.
② 풍력환기의 경우 실외의 풍속이 클수록 환기량은 많아진다.
③ 중력환기의 경우 공기 유입구와 유출구 높이 차가 작을수록 환기량이 많아진다.
④ 풍력환기의 경우 풍상측은 부압이, 풍하측은 정압이 작용한다.

17 장애인·노인·임산부 등의 편의 증진 보장에 관한 법률 시행규칙상 장애인의 통행이 가능한 계단에 대한 설명으로 옳지 않은 것은?

① 계단은 직선 또는 꺾임형태로 설치할 수 있다.
② 바닥면으로부터 높이 2m 이내마다 휴식을 할 수 있도록 수평면으로 된 참을 설치할 수 있다.
③ 휠체어의 직진 이동 시에는 최소 80cm 이상의 공간 폭이 필요하다.
④ 경사면에 설치된 손잡이의 끝부분에는 0.3m 이상의 수평손잡이를 설치하여야 한다.

18 서양 건축양식에 대한 설명 중 옳지 않은 것은?

① 배럴볼트는 원형의 아치를 반복적으로 배열하여 대공간을 구현하기 위해 로마시대에 사용되었다.

② 고딕건축의 첨두형 아치(pointed arch)는 로마네스크 건축양식의 교차볼트에 대한 구조적 결함을 보완한 것이다.

③ 르네상스 건축은 거친 질감의 러스티카 기법과 수평성을 강조한 코니스가 특징이다.

④ 바로크 건축은 베르니니, 마데르나 등의 건축가들에 의해 전개되었고, 개인의 프라이버시를 위주로 한 양식으로 실내 공간을 단순하게 하고, 장식은 최소화하였다.

19 다음 중 근린주구 단지구성에 대한 설명으로 옳지 않은 것은?

① 인보구는 가까운 친분관계를 유지하는 공간적 범위이고, 어린이 놀이터를 중심시설로 반경 100m 정도의 가장 작은 생활권 단위이다.

② 근린분구는 주민 간 교류가 가능한 최소 생활권으로, 진입로와 오픈스페이스 등을 공유하는 보행권 설정 기준이다.

③ 근린지구의 면적은 400ha, 20,000호 정도의 규모이고 경찰서, 전화국 등 도시생활 대부분의 시설이 해당된다.

④ 인보구는 커뮤니티(community) 도시계획의 최소단위로 중심에 초등학교 등이 설치된다.

20 주택설계의 방향에 관한 설명으로 옳지 않은 것은?

① 좌식과 입식을 필요에 따라 절충하여 적용한다.

② 주부의 가사노동을 줄일 수 있도록 고려하여야 한다.

③ 부엌은 음식이 상하기 쉬우므로 남향을 피해야한다.

④ 개인, 사회, 가사노동권의 3개 동선을 서로 분리하여 간섭이 없게 한다.

□ 빠른 정답 p.103
🖉 해설 p.94

01 연립주택의 종류와 특성에 대한 설명으로 옳지 않은 것은?

① 타운 하우스(town house)는 인접주호와의 경계벽 설치를 연장하고 있으며, 대개 2~3층으로 건립한다.

② 테라스 하우스(terrace house)는 대지의 경사도가 30° 가 되면 윗집과 아랫집이 절반정도 겹치게 되어 평지보다 2배의 밀도로 건축 가능하다.

③ 파티오 하우스(patio house)는 1가구의 단층형 주택으로, 주거공간이 마당을 부분적으로 또는 전부 에워싸고 있다.

④ 테라스 하우스는 유형에 상관없이 가구마다 지하실을 설치할 수 있고, 각 가구마다 정원을 확보할 수 있다.

02 병원건축계획에 대한 설명으로 옳지 않은 것은?

① 수술실은 직사광선을 피하고 밝기가 일정한 인공조명을 사용하는 것이 좋다.

② 수술실은 26.6℃ 이상의 고온, 55% 이상의 높은 습도를 유지하고, 3종 환기 방식을 사용해야 한다.

③ 외과계통의 각 과는 1실에서 여러 환자를 볼 수 있도록 대실로 계획하고, 내과는 진료검사에 다소 시간이 소요되므로 다수의 소진료실을 설치한다.

④ 중앙소독실 및 공급실은 소독과 관련된 가제, 탈지면, 붕대 등을 공급하는 장소로 되도록 수술부에 가깝게 배치한다.

03 도서관계획에 대한 설명으로 가장 옳은 것은?

① 아동열람실은 개가식으로 계획하며 소음 발생 우려가 있으므로 일반 열람실과는 되도록 멀리하고, 최상층에 외부공간을 함께 마련해 주는 것이 좋다.

② 레퍼런스 서비스(reference sevice)는 관원이 이용자의 조사 연구상 의문사항이나 질문에 적절한 자료를 제공하기 위한 서비스로, 참고실(reference room)은 일반열람실과 별도로 하고 목록실과 출납실에 인접시키는 것이 좋다.

③ 캐럴은 그룹 토의를 위한 소회의실이고, 서고의 층고는 열람실의 층고와 달리 별도로 계획할 수 있다.

④ 서고는 차후 수직 증축이 우선 고려될 수 있도록 하고, 온도 15℃, 습도 63% 이하가 되도록 계획한다.

04 건축설비에 대한 설명으로 옳지 않은 것은?

① BIPV는 건물 일체형 태양광 발전 설비로 지붕이나 외벽, 유리창 등에 태양광 발전 모듈을 설치하는 시스템으로 에너지 밀도가 낮으므로 대형 설치면적이 필요하다.

② 노통연관 보일러는 연소가스가 보일러 내부의 연관(flue tube)을 통과하며 물을 가열한다.

③ 온수난방은 증기난방에 비해 쾌감도가 높지만, 부하변동에 따른 방열량 조절이 증기난방보다 어렵다.

④ 방열기는 외벽에 면한 열손실이 가장 큰 곳인 창문 아래에 설치하고, 벽과 50~60mm 정도 띄워 설치한다.

05 호텔 객실의 모듈계획에 영향을 끼치는 요인과 거리가 가장 먼 것은?

① 지하주차 모듈　　　② 욕실의 폭
③ 입구 통로 폭　　　　④ 객실 내의 통로 폭

06 건축선에 대한 설명으로 옳은 것은?

① 대지와 인접한 소요폭 미달 도로를 확폭하여 생겨난 건축선과 확폭 전의 건축선 사이의 면적은 도로로 산입되지만, 대지면적에서 제척되지는 않는다.

② 소요폭 미달 도로를 확폭할 때에는 도로 중심선에서 각 소요 너비 2분의 1 수평거리만큼 물러난 선을 건축선으로 한다.

③ 도로 모퉁이의 가각전제된 부분의 대지는 대지면적에서는 제척되지만, 건폐율 및 용적률에는 산입된다.

④ 소요폭 미달 도로의 반대편에 경사지, 하천, 철로, 선로부지가 있는 경우, 대지면적의 소실을 최소화하기 위해 경사지, 하천, 선로부지 쪽으로 미달된 폭을 모두 확폭한다.

07 건축법령상 공개공지에 대한 설명으로 옳은 것은?

① 공개공지를 설치할 경우 필로티 구조는 불가하며, 울타리를 설치하는 등의 행위를 해서는 안된다.

② 공개공지는 공공의 목적으로 사용하기 위해 설치하는 것이므로 판촉행사 등은 불가하다.

③ 공개공지 등의 면적은 대지면적의 100분의 10 이하의 범위에서 건축조례로 정하며 이 경우 조경면적은 공개공지의 면적으로 할 수 있다.   •

④ 공개공지 등을 설치하는 경우 건축을 위해 사용되는 대지 면적이 줄어들게 되므로, 건폐율은 완화하여 적용하는 대신, 용적률과 높이제한에 대한 완화는 불가하다.

08 다음 중 습공기 선도로 알 수 있는 것으로 옳지 않은 것은?

① 수증기 분압   ② 열수분비

③ 상대습도   ④ 열용량

09 사회심리적 환경요인 중 공간과 영역에 대한 설명으로 옳은 것은?

① 개인공간은 실질적으로 명확한 경계를 가지며 침해되면 마음속에 저항이 생기고 스트레스를 유발한다.

② 반고정공간(semifixed-feature space)은 열차대합실과 같이 사람을 분리시키는 경향이 있는 사회원심적 공간과 프랑스식 보도 카페의 테이블과 같이 사람들이 서로 접근하기 쉬운 사회구심적 공간이 있다.

③ 개인거리(personal distance)는 약 45cm 이내에서 편안함과 보호받는 느낌을 가질 수 있으며, 의사전달이 가장 쉽게 이루어진다.

④ 과밀은 문화적 차이를 배제한 개인공간의 영역성을 의미한다.

10 건축화 조명 및 조명계획에 대한 설명으로 옳지 않은 것은?

① 건축화 조명은 건축물 자체에 광원을 장착한 실내 장식적 조명기법으로 건축설계 단계부터 병행하여 계획할 필요가 있다.

② 다운라이트 조명은 천장면에 확산 투과성 패널을 붙이고 그 안쪽에 광원을 설치하는 방법이다.

③ PSALI 조명은 실내에 상시 점등하는 인공조명으로 에너지 과소비에 대한 우려가 있다.

④ 코브라이트 조명은 광원을 천장 또는 벽면 뒤쪽에 설치 후 천장 또는 벽면에 반사된 반사광을 이용하는 간접조명 방식이다.

11 급수방식에 대한 설명으로 옳지 않은 것은?

① 고가 수조 방식은 일정한 급수압을 구현할 수 있는 방식이다.

② 펌프 직송방식은 고가의 설비이며, 필요개소의 위치와 관계없이 일정한 급수압으로 물을 공급할 수 있다.

③ 압력수조방식은 급수압의 변화 폭이 다른 방식에 비해 크다.

④ 수도직결 방식은 저수량이 적어 중규모 이하의 건축물 또는 체육관, 경기장과 같이 사용빈도가 낮고 물탱크의 설치가 어려운 건축물에 사용된다.

12 한국건축에 대한 다음 설명 중 옳은 것은?

① 경복궁은 전조 후침의 구성으로, 정전인 근정전, 편전인 강녕전이 있고, 내전으로는 사정전과 교태전이 있다.

② 창덕궁은 경사지형에도 불구하고, 궁궐 배치의 전형인 대칭적 배치를 모범적으로 구현한 사례이며, 정전은 인정전이고, 후원으로는 비원이 있다.

③ 충효당, 광한루, 경복궁 경회루, 강릉 오죽헌은 익공식 건축의 대표적인 예이다.

④ 서울시에 있는 숭례문(남대문)은 다포식 건축물이며 지붕은 팔작지붕으로 되어 있다.

13 서양건축 양식에 대한 설명으로 옳지 않은 것은?

① 그리스의 신전 건축물인 판테온의 정면에는 페디먼트를 사용한 포치가 있으며, 포치의 기둥은 이오니아 양식으로 구성되어 있다.

② 도리아 주범(Doric order)은 초반(base)이 없이 주두(capital)와 주신(shaft)으로 구성되어 있다.

③ 로마의 건축 양식에서는 아치(arch)와 볼트(vault)를 이용하여 넓은 내부공간을 만들었다.

④ 고딕양식 다음으로는 명쾌한 수학적 비례를 사용한 르네상스 양식이 나타났다.

14 교육시설의 건축계획에 대한 설명으로 옳은 것은?

① 도서실은 학생의 접근성을 고려하여 일상동선 가까이 설치하고, 학교의 중심 부분에 위치하도록 계획하는 것이 좋다.

② 폐쇄형 교사배치는 핑거플랜 배치의 한 형태로 구조계획이 간단하고, 규격형의 이용에 편리하다.

③ 초등학교의 복도폭은 양옆에 거실이 있는 복도일 경우 2.1m 이상으로 계획한다.

④ 강당과 체육관의 기능을 겸용할 경우 강당 위주로 계획하는 것이 바람직하다.

15 은행건축에 대한 설명으로 가장 옳은 것은?

① 큰 건축물의 경우에도 고객 출입구는 되도록 1개소로 하고, 피난에 유리하도록 밖여닫이로 하는 것이 바람직하다.

② 고객이 지나는 동선은 가급적 길고 유연하게 하여 객장에 홍보된 상품들을 골고루 둘러볼 수 있도록 한다.

③ 고객의 공간과 업무공간 사이에는 원칙적으로 구분이 없도록 하여야 한다.

④ 직원 및 내방객의 출입구는 따로 설치하여야 하며, 영업시간 종료 후에는 모든 출입구를 폐쇄하여야 한다.

16 상점건축계획에 대한 설명으로 옳지 않은 것은?

① 몰(Mall)은 페데스트리언 지대(Pedestrian Area)의 일부이며, 고객의 휴게기능을 포함한다.

② 상점건축의 진열장 조명계획 시, 눈의 피로도와 현휘를 줄이기 위해 진열장 내부의 조도는 외부의 조도보다 낮게 하여야 한다.

③ 몰(Mall)의 길이가 너무 길어지면 단조로워질 수 있다.

④ 공기조화에 의해 쾌적한 실내기후가 유지되는 클로우즈드 몰(closed mall)이 선호된다.

17 서양건축사에 대한 설명으로 옳지 않은 것은?

① 근대 건축사조 중 하나인 데 스틸은 국립 교육기관을 설립하여 근대건축 확산에 이바지하였다.

② 포스트 모던 건축은 이중 코드화된 건축으로 일반 대중과 건축 전문가 모두에게 의사전달을 시도하였으며, 경계가 불분명하고 애매한 공간 구성이 특징이다.

③ 세계대전 후의 주거 문제를 해결하기 위해 효용성 높은 주택공급에 대한 필요성이 생겼고, 이를 바탕으로 국제주의 양식이 생겨났다.

④ 로마네스크 양식은 초기기독교에서 고딕으로 발전하는 과정의 과도기적 건축양식으로 건축실례로는 피렌체의 성 미니아토(St. Miniato) 대성당을 들 수 있다.

18 건축법령상 건축허가를 위해 허가권자에게 제출해야 하는 설계도서에 대한 설명으로 옳은 것은?

① 건축계획서에는 지역, 지구 및 도시계획사항, 대지에 접한 도로의 길이 및 너비를 표시하여야 한다.

② 구조도에는 구조내력상 주요한 부분의 평면 및 단면이 필요하다.

③ 배치도에는 대지의 종, 횡단면도에 대한 정보는 포함되지 않는다.

④ 배치도에 표기되는 대지경계선은 보통 파선으로 표기한다.

20 장애인 등의 통행이 가능한 접근로를 설치하는 경우 접근로의 유효폭은?

① 1.8m   ② 1.5m

③ 2.1m   ④ 1.2m

19 주택의 단열과 결로에 대한 설명으로 옳지 않은 것은?

① 단열이 취약한 벽체는 내부결로 발생 가능성이 높다.

② 외기와 접해 있으면서 공기의 정체가 일어나기 쉬운 모서리 공간은 결로 발생우려가 있다.

③ 내부 결로 방지를 위해서는 내단열 공법이 효과가 크며, 이는 단열층을 벽의 실외측 가까이 설치하는 것이다.

④ 실내측에 단열재를 시공한 벽은 방습층을 단열재의 고온측에 설치하도록 한다.

01 오피스 랜드스케이프(office landscape)에 대한 설명으로 옳은 것은?

① 고정석이 없으며 자유로운 업무 좌석의 선택이 가능하다.

② 사무 집단의 그루핑이 자유로우며 배치 형태가 불규칙하지만 프라이버시의 보장에는 효율적인 방식이다. 사무소 계획에서 발생할 수 있는 소음과 프라이버시 결여에 대한 문제를 효율적으로 해결하였다.

③ 직위에 기초하지 않고 의사 전달과 작업흐름을 중심으로 한 배치 시스템이다.

④ 유연한 직무환경을 조성하는 데에도 기여하지만, 수직적 명령체계가 강조되는 직무 시스템에도 효율적이다.

02 도서관 건축계획에서 400,000권의 책을 수장하는 서고의 바닥면적으로 적절한 것은?

① 2,000m²
② 4,000m²
③ 1,000m²
④ 1,500m²

03 건축공간과 치수에 대한 설명으로 옳은 것은?

① 에드워드 홀의 거리 개념에서 공적 업무의 거리는 사회적 거리라고도 하며 1.2~3.6m 정도이다.

② 동작공간이란 자재치수＋여유치수를 말한다.

③ 모듈이란 고대 로마 열주(order)의 지름을 1M로 규정했을 때, 높이, 간격, 실폭 등을 비례적으로 지칭하는 기본단위를 말한다.

④ 모듈 기준은 수직모듈은 3M, 수평모듈은 2M를 기준으로 그 배수를 사용하며, 모듈러 코디네이션의 목적은 수직 수평모듈의 엄격한 준수를 위한 것이다.

04 백화점 건축계획에 대한 설명으로 옳지 않은 것은?

① 백화점의 기둥간격(모듈)을 결정하는 요인은 진열장 배치계획, 주차장 형식과 주차 폭, 엘리베이터와 에스컬레이터의 크기, 개수, 코어의 위치이다.

② 진열장의 사행 배치 방법은 많은 손님이 매장 구석까지 가기에 용이하다.

③ 엘리베이터는 중·소형 백화점은 중앙에, 대형 백화점은 출입구의 반대측에 설치한다.

④ 엘리베이터는 연면적 2,000~3000m²에 대해서 15~16 인승 1대 정도를 설치하며, 4대 이상의 엘리베이터를 필요로 할 때, 또는 2000인/h 이상의 수송력을 필요로 할 때에는 엘리베이터보다 에스컬레이터 설치가 유리하다.

05 건축물의 방재계획에 대한 설명으로 옳지 않은 것은?

① 인명구조기구는 7층 이상인 관광호텔과 5층 이상인 병원에 설치해야 한다.

② 사무소 건축에서 피난계획에 가장 유리한 것은 양단 코어형이다.

③ 아트리움 등 오픈부가 있는 경우 오픈부를 통해 굴뚝 효과가 유발되므로 따로 층간방화를 고려할 필요가 없으며 방화셔터 설치 완화 기준이 적용된다.

④ 신속하고 체계적인 대피를 위해 피난방향은 일방향이 아닌 여러 방향으로 확보될 수 있도록 하여야 한다.

06 건축법규에 대한 설명으로 옳은 것은?

① 연면적 150m²인 건축물, 기둥과 기둥 사이의 거리가 6m인 건축물, 처마 높이가 9m인 건축물, 높이가 15m인 건축물은 구조안전 확인서 제출 대상이다.

② 옥내소화전 설비는 연면적 6000m² 이상이거나 지하층, 무창층 또는 4층 이상의 층으로 바닥면적 900m² 이상인 층이 있는 전 층에 설치한다.

③ 건폐율의 허용오차는 0.5%(5m²를 초과할 수 없다.) 이내, 용적률의 허용오차는 1% 이내(30m²를 초과할 수 없다)이다.

④ 장애인 주차구획은 3.3m 이하×5m 이상이고, 경형 자동차의 경우 평행주차 형식이라면 1.7m 이하×4.5m 이상이다.

07 대규모 미술관의 전시실 계획에 대한 설명으로 옳은 것은?

① 정광창 형식은 미술관에 부적합한 형식으로 관람자가 서 있는 위치 상부 천창을 불투명하게 하고 측벽에 가깝게 채광창을 설치하는 형식이다.

② 측광창 방식은 미술관 계획에 불리한 방식이다.

③ 관람 및 관리의 편리를 위하여 전시실의 순회형식은 연속순로 형식을 취한다.

④ 알코브 진열장 전시는 대규모의 입체적 전시에 가장 적합한 방식이다.

08 건축사조와 건축가에 대한 설명으로 옳지 않은 것은?

① 알바 알토는 핀란드의 건축가로 점차 획일화되어 갔던 국제주의 양식을 넘어 스칸디나비아의 지역색을 반영한 유기적 모더니즘을 추구하였다. 대표작으로는 비퓨리 도서관, 사노마트 빌딩 등이 있다.

② 프랭크 로이드 라이트는 내부와 외부가 상호 소통하는 유기적 공간 개념을 도입하였으며, 로비하우스, 탈리에신 저택, 낙수장, 존스 왁스 빌딩, 뉴욕 구겐하임 미술관 등이 대표작이다.

③ 자하 하디드의 건축은 요소의 재결집과 축으로의 수렴, 추상적 조각물의 조합 등을 통해 '모호함(ambiguity)'을 극명하게 드러내는 경향을 보인다. 대표작으로는 베르기셀 스키점프대(Bergisel Ski Jump), 파에노 과학센터(Phaeno Science Center) 등이 있다.

④ 미스 반 데어 로에는 유리와 철골을 주로 사용한 미니멀한 건축을 추구하였으며, 시그램 빌딩, IIT 크라운홀, 바이센호프 주택단지, 제국호텔, 투겐하트 주택 등이 대표작이다. 국제주의 건축은 그로피우스가 제창했으며, 장식을 배격하고, 곡선, 곡면을 피해 단순한 수직 수평의 직선적 구성을 추구하였다.

09 다음 중 한국 건축사에 대한 설명으로 옳지 않은 것은?

① 활주는 추녀를 받치는 보조기둥으로 추녀 끝에서 기단 끝으로 연결된다.

② 우미량은 맞배지붕에서 도리와 도리를 연결하는 곡선형 보로 수덕사 대웅전에서 찾아볼 수 있다.

③ 충량은 팔작 또는 우진각 지붕에서 대들보 위로 직접 걸리는 보로 측면의 강성 보강의 기능을 한다.

④ 한국건축은 자연 지세에 따라 주요 건축물을 배치하였으며, 외적 개방성과 내적 폐쇄성의 특징을 가진다.

10 극장의 무대형식 중 프로시니엄(proscenium)형의 특징으로 옳지 않은 것은?

① 가까운 거리에서 가장 많은 관객을 수용할 수 있고 연기자와의 접촉면도 넓다.

② 연극, 강연, 콘서트 등에 적합한 형식이다.

③ 프로시니엄(proscenium) 아치는 무대와 관람석의 경계를 이루며, 관객은 프로시니엄의 개구부를 통해 극을 본다.

④ 무대의 폭은 프로시니엄(proscenium) 아치 폭의 2배, 깊이는 동일하거나 그 이상의 깊이를 확보해야 한다.

11 겨울철 주택의 에너지 절약에 관한 설명으로 옳지 않은 것은?

① 극간풍에 대비하기 위해서는 기밀이 필수적이다.

② 벽체의 열 전달 저항은 벽체 인근의 풍속이 클수록 작아진다.

③ 단열재가 노점 온도 이하로 장기간 머무르게 되면 습기를 함유하게 될 수 있으며, 이때의 열 관류 저항은 상승한다.

④ 창을 통한 난방 에너지 손실이 가장 크게 일어나므로 창의 면적이 지나치게 커지지 않도록 하며, 로이(low-E)유리, 삼중유리 등을 사용하여 단열 효율을 높인다.

12 먼셀 표색계에서 어떤 색상이 7R 5/4로 표기되었다. 7R의 R이 의미하는 바는?

① 색상의 종류

② 밝고 어두움의 정도

③ 색상의 선명도

④ 색상의 혼탁도

13 편의증진법에 대한 설명으로 옳지 않은 것은?

① 경사진 접근로가 연속될 경우 휠체어 사용자의 휴식을 위하여 30m마다 1.4m×1.4m 이상의 수평면으로 된 참을 설치할 수 있으며, 접근로의 기울기는 1/18 이하로 하여야 한다.

② 대지 내 주 접근로의 단차가 있을 경우 그 단차는 2cm 이하로 하여야 한다.

③ 주차공간 바닥면은 장애인등의 승하차에 지장을 주는 높이차가 없어야 하나, 기울기는 50분의 1 이하로 할 수 있다.

④ 출입문의 통과 유효폭은 0.9m 이상으로 하여야 한다.

14 건축설비에 대한 설명으로 옳은 것은?

① 직선배관의 신축이음 간격은 강관 30m마다, 동관 20m마다, PVC관 10m마다 시행한다.

② 자연형 태양열 시스템 중 축열벽 방식은 거주 공간 내 온도 변화를 줄일 수 있고, 조망에 유리하다.

③ U트랩은 가옥 트랩이라고도 하고, 수평배수관 도중 설치하면 유속을 빠르게 하여 배수관을 깨끗하게 유지한다.

④ 유도사이펀 작용의 방지 대책은 수직관 하부에 통기관을 설치하는 것이다.

15 박물관 동선계획의 기본원리로 적절한 것은?

① 입구에 진입하는 홀 부분에서도 대표적 전시물을 볼 수 있도록 한다.

② 최대한 많은 전시물을 감상할 수 있도록 관람동선은 길게 한다.

③ 관객의 흐름을 의도하는 대로 유도하기보다는 자유롭게 관람할 수 있는 레이아웃을 조성한다.

④ 자연환경과 접하는 부분을 계획에 반영하였다면, 해당 부분은 관람객의 휴식 등 용도를 갖는 공간으로 사용하지 않고 비상시 피난동선 확보를 위해 비워두도록 한다.

16 소음 계획에 대한 설명으로 옳지 않은 것은?

① 강당 객석 뒷부분 등 음의 집중현상 또는 반향이 예견 되는 표면에는 흡음재를 집중 사용한다.

② 실내의 소음 레벨 증가는 실 표면의 반복적인 음의 반사에서 기인한다.

③ 모터, 비행기 소음 등과 같은 점음원의 경우 거리가 2배가 될 때 소리는 6dB 감소한다.

④ 천장이 낮고 큰 평면을 가진 대규모의 실에서는 흡음재를 벽체에 사용하는 것이 효과적이다.

17 건축가와 작품의 연결이 잘못된 것은?

① 피터 베렌스 - AEG터빈 공장

② 베런 제니 - 홈인슈어런스 빌딩

③ 아돌프 로스 - 슈타이너 주택

④ 안토니 가우디 - 타셀 주택

18 건축법규에 대한 설명으로 옳은 것은?

① 거실 바닥면적의 1/10 이상은 채광창을 설치하고, 1/20 이상은 환기창을 설치하여야 한다.

② 판매시설, 문화 집회시설, 종합병원, 종교시설, 동물원 및 식물원, 운수시설은 다중이용시설에 해당한다.

③ 개별관람실 바닥면적이 1,000m²인 공연장 계획시 개별관람실 출구의 유효너비 합계는 5m이다.

④ 이륜차의 주차구획은 1.0m × 2.5m이다.

19 보일러에 대한 설명으로 옳지 않은 것은?

① 직접가열식 급탕방식에서 보일러는 급탕용과 난방용으로 구분하여 사용한다.

② 주철제 보일러는 섹션(section)으로 분할되어, 반입 반출은 불리하다.

③ 수관 보일러는 상부드럼과 하부드럼으로 구성되며 증기의 발생 속도 빠르다.

④ 보일러 마력은 1시간에 100°C의 물 15.65kg을 전부 증기로 증발시키는 능력을 말한다.

20 체육시설 계획에 대한 설명으로 옳은 것은?

① 육상경기장 코스의 레인폭은 최소 1.5m 이상이다.

② 실내 체육관의 장축은 남북 방향으로 하여야 한다.

③ 육상 경기장의 레인은 탄성이 있는 포장재를 사용하므로 배수에 대한 별도의 계획은 고려하지 않아도 된다.

④ 체육관 계획 시 경기장의 크기 기준이 되는 경기 종목은 농구이다.

01 코어의 역할로 옳지 않은 것은?

① 유효 임대면적 증대
② 내력 구조체로서의 역할
③ 건폐율 및 용적률 증대
④ 설비 요소 및 수직동선 집약

02 공동주택에 대한 설명 중 옳은 것은?

① 복층형은 수직 방향 인접세대에 접하는 슬래브 면적이 줄어들기 때문에 층간소음이 감소하므로 소규모 주택에 적절한 방식이다.
② 계단실형은 공용면적이 크고 엘리베이터 효율이 가장 높은 형식이다.
③ 중복도형은 고층 고밀형 공동주택에 적합하다.
④ 집중형은 부지 이용도가 가장 높으나, 통풍, 채광, 환기 측면에서 불리하다.

03 극장건축에 대한 설명 중 옳은 것은?

① 무대의 폭은 프로시니엄 아치 폭정도 이상, 깊이는 프로시니엄 아치 폭의 2배 이상의 크기가 필요하다.
② 발코니 계획은 극장 공간의 다양성을 위해 적절한 위치에 일정 부분 이상 계획해 주는 것이 바람직하다.
③ 사이클로라마에는 조명기구를 사용하여 구름, 무지개 등의 자연현상을 나타나게 하고, 높이는 프로시니엄 아치의 4배 정도로 한다.
④ 플라이 갤러리(fly gallery)는 록 레일(rock rail)과 연결되며, 무대 주위의 벽에 12~15m 높이로 설치되는 좁은 통로이다.

04 피뢰설비에 관한 설명으로 옳지 않은 것은?

① 돌침은 건축물의 맨 윗부분으로부터 25cm 이상 돌출시켜 설치한다.
② 지면상 20m 이상의 건축물에는 피뢰설비를 설치하여야 한다.
③ 피뢰설비의 재료는 최소 단면적이 피복이 없는 동선을 기준으로 수뢰부, 인하도선 및 접지극은 40mm² 이상이거나 이와 동등 이상의 성능을 갖추어야 한다.
④ 급수·급탕·난방·가스 등을 공급하기 위하여 건축물에 설치하는 금속배관 및 금속재 설비는 전위 차이가 발생하지 않도록 하여야 한다.

05 다음 중 공동주택에 대한 설명으로 옳은 것은?

① 공동주택의 바닥 충격음을 저감하기 위한 방법 중 카펫, 발포비닐계 바닥재 등 유연한 바닥 마감재를 사용함으로써 충격시간을 길게 하여 피크 충격력을 작게 하는 방법은 뜬바닥 공법이다.
② 판상형은 탑상형에 비해 조망권 확보가 불리하다.
③ 골조 - 내장 분리공급방식은 구조와 내장의 시공주체가 달라 하자발생 시 책임소재가 명확히 구분된다.
④ 공동주택의 엘리베이터 1대가 감당하는 범위는 150~200호가 적절하다.

06 다음 중 다포식 건축물이 아닌 것은?

① 화엄사 각황전
② 위봉사 보광명전
③ 심원사 보광전
④ 봉정사 고금당

07 복사난방에 대한 설명으로 옳은 것은?

① 실내면의 온도분포가 균일하지 않다.

② 별도의 방열기가 불필요하며, 예열시간이 짧다.

③ 열용량이 크고, 외기 변화에 유연하게 대처가 가능하다.

④ 설비비가 비싸고 시공이 어렵다.

08 건축계획을 위한 조사방법 중 다음에 해당하는 것은?

> • 인터뷰, 설문조사, 관찰 등의 기법을 이용하여 사용 중인
>   건축물에 대한 이용자의 반응을 연구한다.
> • 추후 유사한 건축물 계획에 있어 지침으로 활용할 수 있
>   는 기초 데이터 역할을 한다.
> • 설계상의 계획의도, 기능 등을 조사하고 평가한다.

① 거주 후 평가

② 요인분석법

③ 이미지맵

④ 의미 분별법

09 근린주구에 대한 설명으로 옳은 것은?

① 근린지구 면적은 400ha, 호수는 20,000호 정도로 도시
   생활 대부분의 시설이 해당되고, 경찰서, 전화국 등이
   포함된다.

② 근린주구는 세대수 1,600~2,000호 정도를 유지하며
   초등학교와 상가, 커뮤니티 센터, 교회 등 공동 서비
   스시설을 공유하는 규모이고, 근린지구는 도시계획의
   최소단위로 볼 수 있다.

③ 근린분구는 주민 간 면식이 가능한 최소단위의 생활
   권이고, 인구규모는 7,000~12,000명이며, 중심 시설은
   유치원, 파출소 등이다.

④ 인보구는 500~800명을 기준으로 하는 가장 작은 생
   활권 단위로 놀이터가 중심이 된다.

10 열 및 공기환경에 대한 설명 중 옳은 것은?

① 주차장은 국소환기로 하고 3종 환기를 실시한다.

② 스모크 타워는 1종 및 3종 환기에 적합하다. 전실에
   창이 설치된 경우에도 반드시 스모크타워를 설치해야
   한다.

③ 열손실은 벽 부위에서 가장 많이 일어나므로 구조체
   중 벽의 단열을 가장 두껍게 한다.

④ 자동차 도장공장과 클린룸은 1종 환기가 적합하다.

11 고딕에 대한 설명으로 옳지 않은 것은?

① 고딕은 로마네스크 양식보다 건축물의 높이를 높이고
   자 플라잉 버트레스를 사용하였다.

② 코니스는 고딕양식의 수평성을 강조하기 위한 의장이다.

③ 고딕의 대표적 건축물로는 랭스성당, 아미앵 성당, 솔
   즈베리 성당이 있다.

④ 첨탑과 포인티드 아치는 고딕건축에서 나타난다.

12 학교 교사의 배치 유형에 대한 특징으로 옳은 것은?

① 클러스터형 – 교사동 사이에 놀이공간 구성은 불리
   하다.

② 집합형 – 시설물의 지역사회 이용과 같은 다목적 계
   획이 유리하다.

③ 분산병렬형 – 구조계획이 간단하나, 규격형의 이용이
   어렵다.

④ 폐쇄형 – 화재 및 비상시 유리하다.

13 주차장법 시행규칙에 따른 주차계획에 대한 내용으로 옳
지 않은 것은?

① 주차장의 경사로의 구배는 직선구간 17%(1/6) 이하,
   곡선부 14% 이하로 한다.

② 장애인 전용 주차구획의 크기는 3.5m 이상×5m 이상
   이다.

③ 주차대수 50대 이상인 경우 차량출입구의 너비는
   5.5m 이상, 50대 미만인 경우는 3.5 이상으로 한다.

④ 평행주차 외의 형식에서 확장형 주차구획은 2.6m×
   5.2m이다.

14 건축법규에 대한 설명으로 옳은 것은?

① 일반주거지역 및 준주거지역에서 일조 등의 확보를 위한 건축물의 높이제한으로 정북방향 인접대지 경계선으로부터의 이격거리는 10m 이하인 경우 1.5m 이상, 10m 초과인 경우 해당 건축물 각 부분 높이의 1/2 이상으로 한다.

② 건축물의 층수 산정 시 층의 구분이 명확하지 않은 경우에는 건축물의 높이 4m마다 하나의 층으로 산정한다.

③ 건축물의 층수 산정 시 지하층은 건축물의 층수에 산입하며, 건축물의 높이산정에서 옥상에 설치하는 계단탑, 승강기탑, 옥탑 등으로서 그 수평투영 면적의 합계가 해당 건축물의 건축면적의 1/8 이하인 경우는 그 높이가 12m를 넘는 부분에 한하여 높이에 산입한다.

④ 공동주택에서 채광을 위한 창문 등이 있는 벽면으로부터 직각 방향으로 건축물 각 부분 높이의 0.7배(도시형 생활주택의 경우 0.25배) 이상의 범위에서 건축조례로 정하는 거리 이상으로 한다.

15 건축법령상 용어의 정의 중 옳지 않은 것은?

① 방화구조란 화재에 견딜 수 있는 성능을 가진 구조이고, 내화구조는 화염의 확산을 막을 수 있는 성능을 가진 구조이다.

② 리모델링은 건축물을 일부 증축하거나 개축 혹은 대수선하는 행위를 말한다.

③ 지하층은 건축물의 바닥이 지표면 아래에 있는 층으로 바닥에서 지표면까지의 평균 높이가 당해 층 높이의 2분의 1 이상인 것을 말한다.

④ 신축, 증축, 개축, 이전은 건축이라고 할 수 있다.

16 어느 학교의 1주간의 평균 수업시간은 50시간이며, 영어교실의 사용시간은 25시간이다. 영어교실이 사용되는 시간 중 5시간은 외부 특별 강의를 위해 사용한다. 영어교실의 이용률과 순수율은?

① 이용률 80% 순수율 10%

② 이용률 80% 순수율 50%

③ 이용률 50% 순수율 80%

④ 이용률 50% 순수율 10%

17 건축가와 건축물의 연결로 옳지 않은 것은?

① 렌조 피아노 - 휘트니 미술관

② 안도 다다오 - 도쿄 국립 신미술관

③ 프랭크 로이드 라이트 - 탈리에신 주택

④ 르 코르뷔제 - 사보이 주택

18 연면적에 대한 숙박부분의 비율이 가장 높은 호텔은?

① 레지던셜 호텔

② 리조트 호텔

③ 커머셜 호텔

④ 아파트먼트 호텔

19 도시가스 시설의 기준에 대한 설명으로 옳지 않은 것은?

① 가스배관은 황색으로 도색하고, 국내의 도시가스는 저장과 수송이 편리한 LNG가 주로 사용된다.

② 건축물까지 도달하는 가스배관은 지중 매설 시 그 깊이를 60cm 이상으로 하고, 건축물로 인입되는 가스배관은 옥외로 노출되지 않도록 시공하는 것이 원칙이다.

③ 가스계량기와 전기계량기의 거리는 60cm 이상 유지한다.

④ 가스배관은 부식방지도장을 하여야 한다.

20 주택설계 시 반영해야 하는 계획의 기본 목표로 가장 옳지 않은 것은?

① 가사 노동 시 동선 단축

② 생활의 쾌적함 증대

③ 양산화와 경제성

④ 가족 중심 계획

01 도서관 계획에 대한 설명으로 가장 옳지 않은 것은?

① 레퍼런스 서비스(reference service)는 관원이 이용자의 조사 연구상의 의문사항이나 질문에 대한 적절한 자료를 제공하여 돕는 서비스이다.

② 도서관의 서고가 50%~60%차면 증축을 고려하여야 한다.

③ 서고의 면적은 일반적으로 $1m^2$ 당 200권 내외를 기준으로 산정한다.

④ 서고의 온도는 15℃, 습도는 63% 이하가 적절하고, 통풍이 잘 되도록 하여야 한다.

02 주택 계획에 대한 설명으로 옳은 것은?

① 거실은 전체 주택공간의 중심적 위치에 있어야 하며 식당, 계단, 현관 등과 같은 다른 공간과는 되도록 거리를 두어 소음을 차단할 수 있도록 한다.

② 요철이 많은 주택 평면은 열손실면에서 불리하므로 정방형에 가까운 형태의 평면이 좋다.

③ 서로 다른 종류의 동선끼리는 결합과 교차를 통하여 동선의 효율성을 높여야 좋다.

④ 주택 부지는 남북으로 긴 대지가 동서로 긴 대지보다 일조면에서 유리하다.

03 밸브에 대한 설명으로 옳은 것은?

① 슬루스 밸브는 마찰저항이 크고, 게이트 밸브라고도 한다.

② 글로브 밸브는 유량조절 기능이 있으며 마찰저항이 작다.

③ 역지밸브는 체크밸브라고도 하며 유체의 역류를 방지하고, 유체의 흐름을 한 방향으로 유도한다.

④ 볼밸브는 유체의 흐름을 조절하지 못하며, 압력손실도 큰 밸브이다.

04 다음 설명에 알맞은 학교 운영방식은?

> • 학급이나 학년의 구분없이 학생들이 자신의 능력에 따라 교과를 선택하고, 일정 교과과정이 끝나면 졸업하는 방식이다.
> • 학생들의 자율성과 자기주도 학습 능력을 향상시킬 수 있다.
> • 하나의 교과에 출석하는 학생 수가 정해져 있지 않기 때문에 다양한 크기의 교실을 여러개 설치하여야 한다.

① 달톤형

② 플래툰형

③ 개방학교

④ 교과교실형

05 사무소 건축의 엘리베이터 대수 계산을 위한 이용자수의 산정기준은?

① 아침 출근 시 5분간의 이용자 수

② 정오의 이용 인원의 평균수

③ 오후 퇴근 시 5분간의 이용자 수

④ 하루 이용 총 인원의 1분간의 평균

06 다음은 건축물의 사용승인에 관한 기준 내용이다. ( ) 안에 알맞은 것은?

> 건축주가 허가를 받았거나 신고를 한 건축물의 건축공사를 완료한 후 그 건축물을 사용하려면 공사감리자가 작성한 (㉠)와 국토교통부령으로 정하는 (㉡)를 첨부하여 허가권자에게 사용승인을 신청하여야 한다.

① ㉠ 설계도서, ㉡ 시방서

② ㉠ 시방서, ㉡ 설계도서

③ ㉠ 감리완료보고서, ㉡ 공사완료도서

④ ㉠ 공사완료도서, ㉡ 감리완료보고서

07 급수방식 중 펌프직송방식에 대한 설명으로 옳지 않은 것은?

① 상향 공급방식이 일반적이다.

② 전력공급이 중단되면 급수가 불가능한다.

③ 자동제어에 필요한 설비비가 적고, 유지관리가 간단하다.

④ 적절한 대수분할, 압력제어 등에 의해 에너지 절약을 꾀할 수 있다.

08 사무소 계획에 대한 설명으로 옳은 것은?

① 규모가 큰 사무소 건축의 외부존(zone)에는 전공기 방식이 많이 사용된다.

② 오피스 랜드스케이핑은 규칙적인 실배치를 유도한다.

③ 개실형은 불황 시 임대에 불리하다.

④ 유효율은 연면적에 대한 임대면적의 비율을 의미한다.

09 공장건축의 지붕형식에 대한 설명으로 옳은 것은?

① 샤렌지붕은 기둥이 많이 소요된다.

② 톱날지붕은 공장지붕이 갖는 특수한 지붕형태 중 하나로, 균일한 조도를 확보할 수 있다.

③ 솟을지붕은 채광과 환기에는 가장 불리한 형태이다.

④ 뾰족지붕은 직사광선을 허용하지 않으므로 공장의 지붕형식 중 가장 선호된다.

10 건축환경에 대한 설명으로 옳지 않은 것은?

① 차양장치는 일사 조절을 위해 실내와 실외에 모두 사용한다. 실내에 설치하는 차양보다는 실외에 설치하는 차양이 보다 효과적이며, 주광에 의한 조명효과를 높이기 위해 돌출차양의 밑면은 밝은색으로 한다.

② 건물의 형태계획에서 체적에 비해 외피면적이 적을수록 열성능상 유리하다.

③ 좁고 높은 건물은 체적에 대한 외피 면적비가 커서 외부에 노출되는 표면적이 크기 때문에 열부하도 커진다.

④ 낙엽성 초목은 여름철 차양형성에 유용하지만 잎이 떨어진 후에는 겨울철의 일사 확보를 감소시킬 수 있기 때문에 주로 북향에 식재하는 것이 유리하다.

11 단열에 대한 설명으로 옳은 것은?

① 실온변동이 적은 것은 내단열 방식이다.

② 외단열은 내단열보다 결로에 있어서 불리하다.

③ 단열 방식에는 용량형 단열, 반사형 단열, 저항형 단열이 있다.

④ 열교로 인해 발생하는 결로는 건축물의 구조체에는 별다른 영향을 미치지 못한다.

12 유니버설 디자인의 7원칙이 아닌 것은?

① 공평한 사용

② 사용상의 융통성

③ 오류에 대한 적응력

④ 적은 물리적 노력

13 에스컬레이터에 대한 설명으로 옳지 않은 것은?

① 직렬식, 병렬식, 교차식 배치 중 점유면적이 가장 작은 것은 교차식 배치이다.

② 건물 내 교통수단의 하나로 30도 이하의 기울기를 가진 계단식 컨베이어이다.

③ 정격속도는 40m/min 이하로 한다.

④ 엘리베이터에 비해 점유면적당 수송능력은 크다.

14 급탕설비에 대한 설명으로 옳은 것은?

① 간접가열식은 저탕조에 열교환기를 설치할 필요 없이 온수를 직접 공급한다.

② 직접가열식은 난방을 위한 보일러를 별도 설치할 필요가 없다.

③ 배관의 스케일에 대한 관리가 필요한 것은 간접가열식이다.

④ 기수혼합식은 열 효율 100%의 방법이나, 항상 새로운 물을 공급해야 하므로, 스케일 발생의 우려가 있고, 높은 증기압을 필요로 하여 소음이 발생한다.

15 어느 점광원에서 1m 떨어진 직각면 조도가 400lux일 때, 2m 떨어진 곳의 조도는 얼마인가?

① 200lux

② 100lux

③ 50lux

④ 25lux

16 일반적으로 실내 환기량의 기준이 되는 것은?

① 공기온도

② NO_2 농도

③ CO_2 농도

④ 미세먼지 농도

17 건축법 제61조 제 2항에 따른 높이를 산정할 때, 공동주택을 다른 용도와 복합하여 건축하는 경우 건축물의 높이 산정을 위한 지표면 기준은?

> 건축법 제61조(일조 등의 확보를 위한 건축물의 높이제한)
> ② 다음 각 호의 어느 하나에 해당하는 공동주택(일반상업지역과 중심상업지역에 건축하는 것은 제외한다.)은 채광 등의 확보를 위하여 대통령령으로 정하는 높이 이하로 하여야 한다.
> 1. 인접 대지경계선 등의 방향으로 채광을 위한 창문 등을 두는 경우
> 2. 하나의 대지에 두 동 이상을 건축하는 경우

① 전면도로의 중심선

② 인접 대지의 지표면

③ 공동주택의 가장 낮은 부분

④ 다른 용도의 가장 낮은 부분

18 고층 밀집형 병원에 관한 설명으로 옳지 않은 것은?

① 외래부, 부속진료시설, 병동을 합쳐서 한 건물로 하고, 이 특히 병동은 고층으로 하여 환자를 엘리베이터로 운송하는 방식이다.

② 병원 각 부로의 접근이 용이하다.

③ 각종 방재대책에 대한 비용이 높다.

④ 병원의 확장 등 성장 변화에 대한 대응이 용이하다.

19 한국건축사에 대한 설명으로 옳은 것은?

① 기둥 위 주두에만 공포를 배치하여 하중을 기둥으로 직접 전달하는 형식의 특징은 기둥의 배흘림 정도가 비교적 강하다는 것이며 주요 건축물로는 심원사 보광전을 들 수 있다.

② 우물천장은 천장을 만들지 않고, 서까래가 노출되도록 한 것으로 주심포 양식에서 많이 사용되었다.

③ 개심사 대웅전의 지붕은 맞배지붕이며, 내부는 연등천장이고, 동대문, 남대문, 경복궁 근정전, 범어사 대웅전은 다포식에 속한다.

④ 우미량이 있는 부석사 조사당, 관룡사 약사전, 봉정사 고금당 석왕사 응진전은 주심포 양식의 건축물이다.

20 르 꼬르뷔지에의 근대건축 5원칙에 속하지 않는 것은?

① 옥상정원

② 자유로운 입면

③ 수직 띠창

④ 필로티

정답 및 해설

공무원 건축직
실전◈동형 모의고사

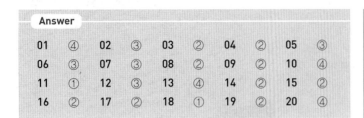

Answer

01	④	02	③	03	②	04	②	05	③
06	③	07	③	08	②	09	②	10	④
11	①	12	③	13	④	14	②	15	②
16	②	17	②	18	①	19	②	20	④

01 　출제영역 ≫ 철근콘크리트구조　　　　　난이도 하　정답 ④

휨설계의 기본가정에서는 "압축연단 콘크리트가 가정된 극한변형률에 도달할 때 최외단 인장철근의 순인장변형률 ε_t가 0.005 이상인 단면을 인장지배단면이라고 한다. 다만, 철근의 항복강도가 400MPa을 초과하는 경우에는 인장지배변형률 한계를 철근 항복변형률의 2.5배로 한다." 따라서, 정답은 "④"이다.

02 　출제영역 ≫ 구조설계기준　　　　　난이도 중　정답 ③

기본 등분포활하중의 용도별 최소값
① 특수용도 사무실 : 5
② 병원의 수술실 : 3
③ 판매장 중 창고형 매장 : 6
④ 체육시설 중 체육관 바닥, 옥외 경기장 : 6
따라서, 정답은 "③ 창고형 매장"이다.

03 　출제영역 ≫ 구조설계기준　　　　　난이도 상　정답 ②

시시각각 변하는 바람의 난류성분이 물체에 닿아 물체를 풍방향으로 불규칙하게 진동시키는 현상을 버펫팅이라 한다.
따라서, 정답은 "②"이다.

04 　출제영역 ≫ 프리스트레스드콘크리트구조　　　　　난이도 중　정답 ②

긴장재와 콘크리트의 부착에 의해 응력을 전달하는 방식은 프리텐션방식이다. 따라서, 정답은 "②"이다.

05 　출제영역 ≫ 철근콘크리트구조　　　　　난이도 중　정답 ③

공칭모멘트 강도 산정에서 다른 항목들은 값의 크기에 비례해서 증가하지만, 콘크리트의 압축강도(fck)는 0.85배에 비례해서 증가한다.
따라서, 정답은 "③ 콘크리트의 압축강도(fck) 증가"이다.

06 　출제영역 ≫ 목구조　　　　　난이도 하　정답 ③

인장을 받는 부재에 덧댐판을 대고 길이이음을 하는 경우 덧댐판의 면적은 요구되는 접합면적의 1.5배 이상이어야 한다. 따라서, 정답은 "③"이다.

07 　출제영역 ≫ 내진설계기준　　　　　난이도 중　정답 ③

수직하중은 보 – 기둥 골조가 저항하고, 지진하중은 전단벽이나 가새골조가 저항하는 지진력 저항시스템은 "건물골조방식"이다. 따라서, 정답은 "③"이다.

08 　출제영역 ≫ 구조역학　　　　　난이도 중　정답 ②

$\Sigma M_C = V_B \times 7 - 35 \times 3 = 0$, $\therefore V_B = 15$
$\Sigma F_y = V_A - 15 = 0$, $\therefore V_A = 15$
따라서, 정답은 "② 15"이다.

09 　출제영역 ≫ 철근콘크리트구조　　　　　난이도 상　정답 ②

비틀림 하중에 의하여 보의 투영된 단면형상이 유지되면서 축방향으로 발생하는 변위모드(warping)는 "뒴"이다.
따라서, 정답은 "②"이다.

10 　출제영역 ≫ 조적구조　　　　　난이도 중　정답 ④

보강조적조의 내진설계에서 피어 폭은 150mm 이하이다. 따라서, 정답은 "④"이다.

11 　출제영역 ≫ 구조역학　　　　　난이도 상　정답 ①

보의 처짐은 단면2차모멘트 I에 반비례하며, 길이나 강성을 10%, 20% 증가하는 것은 2배(200%) 증가에 비하여 증가 감소 폭이 작다. I값은 폭 b에 비례하고 깊이 h의 세제곱에 비례하므로 h의 증가가 가장 효과가 크다. 따라서, 정답은 선택지의 "①"이다.

12 　출제영역 ≫ 철근콘크리트구조　　　　　난이도 중　정답 ③

각 방향으로 연속한 받침부 중심 간 경간길이의 차이는 긴 경간의 1/5 이하이어야 한다.
따라서, 정답은 "③"이다.

13 　출제영역 ≫ 강구조　　　　　난이도 중　정답 ④

SNRT는 "용접 구조용 냉간 각형 탄소강관"이다.
따라서, 정답은 "④"이다.

14 　출제영역 ≫ 철근콘크리트구조　　　　　난이도 중　정답 ②

구부린 전단스터럽의 상세는 "주인장철근에 45° 이상 구부린 스터럽이므로, 정답은 "② 주인장철근에 40°로 설치된 스터럽"이다.

15 출제영역 >> 구조역학　　　　　　　　난이도 중　정답 ②

단면의 성질에서 "단면상의 서로 평행한 축에 대한 단면2차모멘트 중 도심축에 대한 단면2차모멘트가 최소이다."
따라서, 정답은 "②"이다.

16 출제영역 >> 철근콘크리트구조　　　　　난이도 중　정답 ②

지판이 있는 2방향 슬래브의 유효지지단면은 이의 바닥 표면이 기둥축을 중심으로 45°내로 펼쳐진 기둥과 기둥머리 또는 브래킷 내에 위치한 가장 큰 정원추, 정사면추 또는 쐐기 형태의 표면과 이루는 절단면으로 정의된다. 따라서, 옳지 않은 것은 선택지의 "②"이다.

17 출제영역 >> 기초구조　　　　　　　　난이도 하　정답 ②

연약한 점성토 지반에서 땅파기 외측의 흙의 중량으로 인하여 땅파기된 저면이 부풀어 오르는 현상은 "히빙"이다.
따라서, 정답은 "②"이다.

18 출제영역 >> 강구조　　　　　　　　　난이도 상　정답 ①

용접치수(사이즈) s가 10이므로, 유효목두께 a=7이다.
$A_w = 2(al_e) = 2(7 \times (120 - 2s)) = 1,400$
따라서, 정답은 "①"이다.

19 출제영역 >> 구조역학　　　　　　　　난이도 중　정답 ②

$\Sigma M_b = V_A \times 6 - 40 \times 2 + 10 \times 2 = 0, \quad \therefore V_A = 10$
$\Sigma M_{L(좌)} = 10 \times 2 + U \times 2 = 0, \quad \therefore U = -10(압축)$
따라서, 정답은 선택지 "② -10(압축)"이다.

20 출제영역 >> 강구조　　　　　　　　　난이도 중　정답 ④

축력을 받는 충전형 합성부재에서 강관의 단면적은 합성부재 총단면적의 1% 이상으로 한다.
따라서, 정답은 선택지의 "④"이다.

Answer

01	④	02	①	03	④	04	②	05	④
06	①	07	③	08	③	09	④	10	①
11	④	12	②	13	④	14	②	15	④
16	②	17	④	18	①	19	③	20	②

01 출제영역 >> 철근콘크리트구조   난이도 하   정답 ④

콘크리트의 인장강도는 철근콘크리트 부재 단면의 축강도 계산과 휨강도 계산에서는 무시할 수 있다.
따라서, 정답은 "④"이다.

02 출제영역 >> 구조설계기준   난이도 중   정답 ①

기본지상설하중은 재현기간 100년에 대한 수직 최심적설깊이를 기준으로 한다.
따라서, 정답은 "①"이다.

03 출제영역 >> 기초구조   난이도 중   정답 ④

로드에 연결한 저항체를 지반 중에 삽입하여 관입, 회전 및 인발 등에 대한 저항으로부터 지반의 성상을 조사하는 방법은 사운딩이다.
따라서, 정답은 "④"이다.

04 출제영역 >> 철근콘크리트구조   난이도 하   정답 ②

인장지배단면 부재에 적용되는 강도감소계수(0.85)는 압축지배단면 부재에 적용되는 강도감소계수(0.65, 0.7)보다 크다. 따라서, 정답은 "②"이다.

05 출제영역 >> 구조역학   난이도 중   정답 ④

$V_C = 48/2$, $\therefore V_C = 24$
$\Sigma F_y = V_B - 24 - 20 = 0$, $\therefore V_B = 44$
따라서, 정답은 "④"이다.

06 출제영역 >> 강구조   난이도 중   정답 ①

인장재의 설계인장강도는 총단면의 항복한계상태와 유효순단면의 파단한계상태에 대해 산정된 값 중 작은 값으로 한다.
따라서, 정답은 "①"이다.

07 출제영역 >> 철근콘크리트구조   난이도 상   정답 ③

$a = \dfrac{A_s f_y}{0.85 f_{ck} b} = \dfrac{1700 \times 400}{0.85 \times 20 \times 400} = 100$, $c = \dfrac{a}{\beta_1} = \dfrac{100}{0.85} = 125$
따라서, 정답은 "③"이다.

08 출제영역 >> 내진설계기준   난이도 중   정답 ③

횡력의 25% 이상을 부담하는 연성모멘트 골조가 전단벽이나 가새 골조와 조합되어 있는 구조시스템은 이중골조방식이다.
따라서, 정답은 "③"이다.

09 출제영역 >> 구조역학   난이도 상   정답 ④

$I_X = \dfrac{bh^3}{12} - \dfrac{\pi R^4}{4} = \dfrac{120 \times 100^3}{12} - \dfrac{3 \times 10^4}{4} = 9,999,250$
따라서, 정답은 "④"이다.

10 출제영역 >> 구조설계기준   난이도 중   정답 ①

부재의 영향면적이 $36m^2$ 이상인 경우 기본등분포활하중에 활하중저감계수를 곱하여 저감할 수 있다.
따라서, 정답은 "①"이다.

11 출제영역 >> 목구조   난이도 중   정답 ④

목구조 지붕틀의 내화시간은 0.5시간~1시간이다. 따라서, 정답은 선택지의 "④"이다.

12 출제영역 >> 강구조   난이도 상   정답 ②

$\lambda_w = \dfrac{h_w}{t_w} = \dfrac{(400 - 15 \times 2 - 20 \times 2)}{10} = \dfrac{330}{10} = 33$
따라서, 정답은 "②"이다.

13 출제영역 >> 철근콘크리트구조   난이도 중   정답 ④

시료채취기준에서 슬래브나 벽체의 표면적 $500m^2$마다 1회 이상이다.
따라서, 정답은 "④"이다.

14 출제영역 >> 조적구조   난이도 하   정답 ②

대린벽은 내력벽 직각방향의 단위조적개체로 구성된 벽체이다. 따라서, 정답은 "②"이다.

15 출제영역 >> 철근콘크리트구조   난이도 중   정답 ④

지름 10mm 용접철망을 사용할 경우 벽체의 전체 단면적에 대한 최소 수평철근비는 0.0020이다. 따라서, 정답은 "④"이다.

16 출제영역 >> 구조역학   난이도 중   정답 ②

$$\lambda = \frac{kL}{r} = \frac{1 \times 4000}{(100/4)} = \frac{4000}{25} = 160$$

따라서, 정답은 "②"이다.

17 출제영역 >> 철근콘크리트구조   난이도 하   정답 ④

균열제어를 위한 철근은 필요로 하는 부재 단면의 주변에 분산시켜 배치하여야 하고, 이 경우 철근의 지름과 간격을 가능한 한 작게 하여야 한다.

따라서, 정답은 "④"이다.

18 출제영역 >> 구조역학   난이도 중   정답 ①

DB의 우측 단면을 절단하여 절단법으로 구한다.

$\Sigma M_E = -6 \times 8 - 6 \times 4 - F_{BC} = 0$, $F_{BC} = -24$(압축)

따라서, 정답 "① 24"이다.

19 출제영역 >> 구조설계기준   난이도 상   정답 ③

후프철근의 최대 간격은 d/4, 감싸고 있는 종방향 철근의 최소 지름의 8배, 후프철근 지름의 24배, 300mm 중 가장 작은 값 이하이어야 한다.

따라서, 정답은 선택지 "③"이다.

20 출제영역 >> 강구조   난이도 중   정답 ②

$A_n = A_g - ndt = (100 \times 10) - (2 \times 22 \times 10) = 560$

따라서, 정답은 선택지의 "② 560"이다.

Answer

01	①	02	②	03	②	04	④	05	①
06	④	07	②	08	④	09	②	10	③
11	③	12	②	13	③	14	①	15	④
16	③	17	③	18	①	19	②	20	②

01 출제영역 >> 철근콘크리트구조   난이도 하   정답 ①

콘크리트와 철근은 역학적 성질(강도, 탄성계수, 연신율 등)이 매우 다르다.
따라서, 정답은 "①"이다.

02 출제영역 >> 철근콘크리트구조   난이도 중   정답 ②

압축측 철근으로 인해 부재의 연성이 증진된다.
따라서, 정답은 "②"이다.

03 출제영역 >> 강구조   난이도 중   정답 ②

볼트의 마찰접합 설계강도에서 피접합재의 두께는 고려되지 않는다.
1) $R_n = \mu h_f T_o N_s$, 2) ϕ : 구멍종류에 따라 다름
따라서, 정답은 "② 피접합재의 두께"이다.

04 출제영역 >> 조적구조   난이도 중   정답 ④

보강조적조의 내진설계에서 기둥의 폭은 300mm보다 작을 수 없다. 따라서, 정답은 "④"이다.

05 출제영역 >> 철근콘크리트구조   난이도 중   정답 ①

$$a = \frac{A_s f_y}{0.85 f_{ck} b} = \frac{1700 \times 400}{0.85 \times 20 \times 400} = 100$$
따라서, 정답은 "①"이다.

06 출제영역 >> 철근콘크리트구조   난이도 중   정답 ④

에폭시 피복철근을 사용할 경우에는 표면이 매끈하게 되어 부착력이 감소된다.
따라서, 정답은 "④"이다.

07 출제영역 >> 구조역학   난이도 중   정답 ②

게르버보에서 양쪽 힌지 지점과 롤러 지점 및 내부힌지점은 휨모멘트가 "0"이고, 내부지점은 휨모멘트가 영이 아니다.
따라서, 정답은 "②"이다.

08 출제영역 >> 프리캐스트콘크리트구조   난이도 상   정답 ④

프리캐스트 콘크리트 슬래브와 덧침 슬래브가 면내 횡하중에 함께 저항하는 슬래브 격막은 "현장치기 복합 – 덧침 슬래브 격막"이다.
따라서, 정답은 "④"이다.

09 출제영역 >> 내진설계기준   난이도 상   정답 ②

콘크리트 내진설계기준에서 특수모멘트골조의 "부재의 순경간이 유효깊이의 4배 이상이어야 한다"고 규정하고 있다.
따라서, 정답은 "②"이다.

10 출제영역 >> 철근콘크리트구조   난이도 중   정답 ③

철근콘크리트구조에서 콘크리트의 굵은골재 최대 공칭치수 규정에서 보나 기둥 최소폭에 대한 규정은 없다.
따라서, 정답은 "③"이다.

11 출제영역 >> 구조역학   난이도 중   정답 ③

주어진 트러스에서 영부재는 하현재에서 세부재가 만나는 곳에서 하중 없이 두 수평 부재 사이에서 수직으로 배치된 부재 2개와 우측 사재가 2개 평행한 점에서 안쪽으로 사재 1개를 합하여 총 3개이다. 따라서, 정답은 "③"이다.

12 출제영역 >> 목구조   난이도 상   정답 ②

교육시설, 복지 및 숙박시설로 사용하는 건축물의 방화상 중요한 칸막이벽은 내화구조로 지붕 속 또는 천장 속까지 달하도록 하여야 한다. 이 경우 방화상 중요한 칸막이벽의 간격이 12m 이상일 경우 그 12m 이내마다 지붕 속 또는 천장 속에 내화구조 또는 양면을 방화구조로 한 격벽을 설치하여야 한다.
따라서, 정답은 "④"이다.

13 출제영역 >> 구조역학   난이도 중   정답 ③

$\nu = \dfrac{\varepsilon_2}{\varepsilon_1} = \dfrac{(0.003/20)}{(0.5/1,000)} = 0.3$회 이상이다. 따라서, 정답은 "③"이다.

14 출제영역 >> 조적구조   난이도 하   정답 ①

H형강의 치수표시법은 웨브폭 × 플렌지폭 × 웨브두께 × 플랜지두께로 표시한다. 따라서, 정답은 "①"이다.

15 출제영역 >> 철근콘크리트구조 　　　　난이도 중 　정답 ④

압축부재 축방향 주철근의 최소 개수는 원형이나 사각형 띠철근으로 둘러싸인 경우 4개로 하여야 한다.
따라서, 정답은 "④"이다.

16 출제영역 >> 구조설계기준 　　　　난이도 중 　정답 ③

활하중은 점유 또는 사용에 의하여 발생할 것으로 예상되는 최소의 하중이어야 한다.
따라서, 정답은 "③"이다.

17 출제영역 >> 구조설계기준 　　　　난이도 중 　정답 ③

말뚝재료의 허용응력설계기준에서 기성콘크리트 말뚝에서 콘크리트의 설계기준강도는 35MPa 이상으로 하고 허용하중은 말뚝의 최소단면으로 결정한다.
따라서, 정답은 "③"이다.

18 출제영역 >> 구조역학 　　　　난이도 중 　정답 ①

$$P_{cr} = \frac{\pi^2 EI}{(kL)^2} = \frac{\pi^2 EI}{((1/2)(2L))^2} = \frac{\pi^2 EI}{L^2}$$

따라서, 정답 "①"이다.

19 출제영역 >> 구조설계기준 　　　　난이도 상 　정답 ②

구조내력상 주요한 부분에 사용하는 막재의 인장강도는 폭 1cm당 300N 이상이어야 한다.
따라서, 정답은 "②"이다.

20 출제영역 >> 강구조 　　　　난이도 중 　정답 ②

H형강의 플랜지와 같이 하중의 방향과 평행하게 한쪽 끝단이 직각방향의 판요소에 의해 연접된 평판요소는 비구속판요소이다.
따라서, 정답은 "②"이다.

01   출제영역 >> 구조설계기준   난이도 하   정답 ③

건축구조기준(KDS)에서 건축구조물의 구조설계 원칙은 안전성, 사용성, 내구성, 친환경성이며 경제성은 관계없다.
따라서, 정답은 "③ 경제성"이다.

02   출제영역 >> 강구조   난이도 중   정답 ③

강구조는 내화성에 취약하므로 내화피복이 필요하다.
따라서, 정답은 "③"이다.

03   출제영역 >> 철근콘크리트구조   난이도 중   정답 ②

철근과 콘크리트는 완전부착으로 가정하며, 같은 위치에서는 철근과 콘크리트의 변형률은 같다.
따라서, 정답은 "②"이다.

04   출제영역 >> 조적구조   난이도 중   정답 ③

공간쌓기의 목적은 단열, 방습, 방음이 주 목적이며, 내진설계에서 기둥의 폭은 내진성능 향상은 무관하다. 따라서, 정답은 "③"이다.

05   출제영역 >> 철근콘크리트구조   난이도 중   정답 ③

흙에 접하여 콘크리트를 친 후 영구히 흙에 묻혀 있는 콘크리트 부재의 피복두께는 75mm이다.
따라서, 정답은 "③"이다.

06   출제영역 >> 내진설계기준   난이도 중   정답 ②

수직하중과 지진하중을 모두 전단벽이 저항하는 지진력저항시스템은 내력벽시스템이다.
따라서, 정답은 "②"이다.

07   출제영역 >> 구조역학   난이도 중   정답 ①

$$\delta = \frac{PL}{AE} = \frac{10,000 \times 2,000}{200 \times 200,000} = 0.5$$
따라서, 정답은 "① 0.5"이다.

08   출제영역 >> 철근콘크리트구조   난이도 상   정답 ①

기초의 2면 전단 면적은 다음과 같다.
$$A = b_o d = [(0.3+0.5) \times 2 + (0.3+0.5) \times 2] \times 0.5 = 1.6$$
따라서, 정답은 "①"이다.

09   출제영역 >> 구조설계기준   난이도 상   정답 ②

"케이블 재료의 단기허용인장력은 장기허용인장력에 1.33을 곱한 값으로 한다."고 규정하고 있다.
따라서, 정답은 "②"이다.

10   출제영역 >> 강구조   난이도 중   정답 ④

마찰접합되는 고장력볼트는 너트회전법, 토크관리법, 토크쉬어볼트 등을 사용하여 설계볼트장력 이상으로 조여야 한다.
따라서, 정답은 "④"이다.

11   출제영역 >> 구조역학   난이도 중   정답 ②

$$\Sigma M_A = -16 \times 1 + 15 \times 7 - V_B \times 10 = 0, \quad V_B = \frac{89}{10} = 8.9$$
따라서, 정답은 "②"이다.

12   출제영역 >> 철근콘크리트구조   난이도 상   정답 ④

나선철근 기둥의 설계축강도는 다음과 같다.
$$\phi P_{n(\max)} = \phi 0.85 \left[0.85 f_{ck}(A_g - A_{st}) + f_y A_{st} \right]$$
따라서, 정답은 "④"이다.

13   출제영역 >> 프리캐스트콘크리트구조   난이도 중   정답 ①

충전용 콘크리트의 설계기준압축강도는 프리캐스트 콘크리트 제품의 설계기준압축강도 이상, 최소 21MPa 이상으로 한다. 따라서, 정답은 "①"이다.

14   출제영역 >> 목구조   난이도 하   정답 ③

목재의 치수를 실제치수보다 큰 25의 배수로 올려서 부르기 편하게 사용하는 치수는 공칭치수이다.
따라서, 정답은 "③"이다.

15   출제영역 >> 구조역학   난이도 중   정답 ③

등분포하중이 작용하는 캔틸레버 보에서 자유단 B점의 처짐은 $\frac{wL^3}{8EI}$이다.
따라서, 정답은 "③"이다.

16　**출제영역 >> 구조설계기준**　　　난이도 중　**정답 ①**

콘크리트 파괴계수 $f_r = 0.63\lambda \sqrt{f_{ck}} = 0.63 \times \sqrt{25} = 3.15$
따라서, 정답은 "①"이다.

17　**출제영역 >> 강구조**　　　난이도 중　**정답 ③**

용접기호에서 S는 용접 치수(사이즈)이다.
따라서, 정답은 "③"이다.

18　**출제영역 >> 기초구조**　　　난이도 중　**정답 ④**

동일 구조물의 기초에서는 가능한 한 이종형식기초를 병용하여 사용하
는 않는 것이 바람직하다.
따라서, 정답 "④"이다.

19　**출제영역 >> 구조역학**　　　난이도 중　**정답 ③**

$$\bar{y} = \frac{(A_1 y_1 + A_2 y_2)}{A_1 + A_2} = \frac{(600) \times 65 + 600 \times 30}{600 + 600} = 47.5$$
따라서, 정답은 "③"이다.

20　**출제영역 >> 내진설계기준**　　　난이도 중　**정답 ③**

내진특등급의 기능수행검토 시 구조물의 허용층간변위는 1.0%로 하고,
내진 1등급과 내진 2등급의 기능수행검토 시 허용층간변위는 0.5%로
한다.
따라서, 정답은 "③"이다.

제
04
회

Answer

01	②	02	③	03	②	04	②	05	④
06	②	07	②	08	①	09	②	10	④
11	①	12	②	13	①	14	④	15	③
16	③	17	③	18	④	19	④	20	③

01 출제영역 >> 구조설계기준　　　난이도 하　정답 ②

구조물 규격에 관한 검토 확인은 시공 중 검토 항목이다.
따라서, 정답은 "②"이다.

02 출제영역 >> 구조설계기준　　　난이도 중　정답 ③

기본등분포활하중 최솟값은 주거용 건축물의 거실 – 2.0,
일반사무실 – 2.5, 도서관 서고 – 7.5, 30 kN 이하 차량용 옥외주차장 –
5.0이다.
따라서, 정답은 "③"이다.

03 출제영역 >> 철근콘크리트구조　　　난이도 중　정답 ②

등가직사각형응력블록의 깊이 계산식은 다음과 같다.
$$a = \frac{A_s f_y}{0.85 f_{ck} b}$$
따라서, 정답은 "② 주철근의 순간격"이다.

04 출제영역 >> 조적구조　　　난이도 중　정답 ②

벽돌구조의 세로줄눈은 막힌줄눈으로 하는 것이 구조적으로 유리하다.
따라서, 정답은 "②"이다.

05 출제영역 >> 구조설계기준　　　난이도 중　정답 ④

경량칸막이벽은 자중이 1kN/m 이하인 가동식 벽체이다.
따라서, 정답은 "④"이다.

06 출제영역 >> 철근콘크리트구조　　　난이도 중　정답 ②

띠철근 수직간격은 기둥단면의 최소치수의 1/2 이하로 하여야 한다.
따라서, 정답은 "②"이다.

07 출제영역 >> 구조역학　　　난이도 중　정답 ②

$$y = \frac{A_1 y_1 + A_2 y_2}{A_1 + A_2} = \frac{(6 \times 4/3) + (8 \times 2)}{6 + 8} = \frac{24}{14} = \frac{12}{7}$$
따라서, 정답은 "②"이다.

08 출제영역 >> 구조설계기준　　　난이도 상　정답 ①

건축구조기준에서 규정한 목표성능을 만족하면서, 건축주가 선택한 성
능지표를 만족하도록 건축구조물을 설계하는 방법은 성능기반설계법이다.
따라서, 정답은 "①"이다.

09 출제영역 >> 철근콘크리트구조　　　난이도 상　정답 ②

철근콘크리트 T형보의 유효폭을 산정하는 세 가지 방법에 "인접 보와
의 내측거리"는 해당하지 않는다.
따라서, 정답은 "②"이다.

10 출제영역 >> 목구조　　　난이도 중　정답 ④

꺾쇠는 양 끝부분을 구부려 ㄷ자 모양으로 만든 철재로 두 물체를 겹쳐
대어 서로 벌어지지 않게 하는 데 사용한다.
따라서, 정답은 "④"이다.

11 출제영역 >> 구조역학　　　난이도 중　정답 ①

가스트영향계수(G)는 충하중 산정에 사용되며, 지진하중과는 상관없다.
따라서, 정답은 "①"이다.

12 출제영역 >> 구조역학　　　난이도 상　정답 ②

$$\Sigma M_B = V_A \times 6 + 60 \times 4 - 40 \times 3 = 0, \quad V_A = -20$$
절점 A, $\Sigma F_y = 0$, $-20 + F_{AD}\sin\theta = 0$,
$$\therefore F_{AD} = 20 \times (5/4) = 25$$
따라서, 정답은 "② 25"이다.

13 출제영역 >> 강구조　　　난이도 중　정답 ①

강구조 부재의 접합에서 볼트 접합부에서 볼트의 압축파괴는 없다. 따
라서, 정답은 "①"이다.

14 출제영역 >> 기타구조　　　난이도 상　정답 ④

프리캐스트 콘크리트구조의 R값은
① 내력벽시스템의 PC 특수구조벽체 : 5
② 건물골조시스템 PC 중간구조벽체 : 5
③ 특수모멘트골조를 가진 이중골조 PC 중간구조벽체 : 6
④ 중간모멘트골조를 가진 이중골조 PC 특수구조벽체 : 6.5
따라서, 정답은 "④"이다.

15 출제영역 >> 구조역학　　　난이도 중　정답 ③

$n = m + R + f - (2J) = 5 + 5 + 2 - (2 \times 5) = 2$이다.
따라서, 정답은 "③ 2차 부정정"이다.

16 출제영역 >> 기초구조　　　　　　　　난이도 중　정답 ③

기초설계에서, 기초로부터 지반에 전달되는 하중의 면적당 크기가 허용지내력보다 작도록 설계한다.
따라서, 정답은 "③"이다.

17 출제영역 >> 구조설계기준　　　　　　　난이도 중　정답 ③

(Ⅰ)에 해당하는 것은 5층 이상인 숙박시설·오피스텔·기숙사·아파트이다.
따라서, 정답은 "③"이다.

18 출제영역 >> 구조역학　　　　　　　　　난이도 중　정답 ④

$$P_{cr(1)} = \frac{\pi^2 EI}{L^2} = \frac{\pi^2 EI}{L^2} = 10$$

$$P_{cr(2)} = \frac{\pi^2 EI}{(0.5L)^2} = \frac{4\pi^2 EI}{L^2} = 4 \times 10 = 40$$

따라서, 정답 "④ 40"이다.

19 출제영역 >> 철근콘크리트구조　　　　　난이도 상　정답 ④

지하실 외벽의 두께는 200mm 이상이어야 한다.
따라서, 정답은 "④"이다.

20 출제영역 >> 기초구조　　　　　　　　　난이도 중　정답 ③

말뚝기초의 허용지지력 산정 시 말뚝의 지지력으로만 산정하고 기초판 저면에 대한 지반의 지지력은 고려하지 않는다.
따라서, 정답은 "③"이다.

제
05
회

건축구조 실전 동형 모의고사

Answer

01	①	02	②	03	④	04	③	05	③
06	①	07	③	08	③	09	②	10	③
11	④	12	③	13	④	14	②	15	①
16	②	17	④	18	③	19	①	20	④

01 출제영역 >> 철근콘크리트구조   난이도 하   정답 ①

휨부재의 최소 허용변형률은 철근의 항복강도 f_y가 400MPa 이하인 경우 0.004로 하고, 철근의 항복강도가 400MPa을 초과하는 경우 철근 항복변형률의 2.5배로 한다.
따라서, 정답은 "①"이다.

02 출제영역 >> 내진설계기준   난이도 하   정답 ②

수직하중과 횡력을 보와 기둥으로 구성된 라멘골조가 저항하는 지진력 저항 시스템은 모멘트저항골조이다.
따라서, 정답은 "②"이다.

03 출제영역 >> 강구조   난이도 하   정답 ④

강구조 부재는 단면이 세장한 편이므로 좌굴을 고려해야 한다.
따라서, 정답은 "④"이다.

04 출제영역 >> 구조역학   난이도 중   정답 ③

$\Sigma M_A = 10 \times 3 + 12 \times 3 + 9 \times 4 - V_B \times 6 = 0, \quad V_B = \dfrac{102}{6} = 17$

따라서, 정답은 "③"이다.

05 출제영역 >> 철근콘크리트구조   난이도 중   정답 ③

구조검토 중 리모델링을 위한 구조검토는 유지관리단계에서 하는 구조검토이다.
따라서, 정답은 "③"이다.

06 출제영역 >> 기타구조   난이도 상   정답 ①

프리캐스트 콘크리트 부재는 기준에서 규정하는 동등성 설계법 또는 비동등성 설계법으로 설계할 수 있다.
따라서, 정답은 "①"이다.

07 출제영역 >> 강구조   난이도 중   정답 ③

고장력볼트 접합에서 압축접합은 없다.
따라서, 정답은 "③"이다.

08 출제영역 >> 내진설계기준   난이도 상   정답 ③

특수모멘트골조에서 첫 번째 후프철근은 지지부재의 면부터 50mm 이내에 위치하여야 한다.
따라서, 정답은 "③"이다.

09 출제영역 >> 구조설계기준   난이도 중   정답 ②

활하중 저감에서 영향면적은 기둥 및 기초에서는 부하면적의 4배, 보 또는 벽체에서는 부하면적의 2배, 슬래브에서는 부하면적을 적용한다.
따라서, 정답은 "②"이다.

10 출제영역 >> 조적구조   난이도 하   정답 ③

백화현상을 방지하기 위해서는 흡수율이 높은 벽돌을 사용해서는 안 된다.
따라서, 정답은 "③"이다.

11 출제영역 >> 철근콘크리트구조   난이도 중   정답 ④

크리프는 대기가 건조상태일 때 더 크게 발생한다.
따라서, 정답은 "④"이다.

12 출제영역 >> 건축일반구조   난이도 중   정답 ③

안정액은 공벽의 붕괴를 방지하는 역할을 한다.
따라서, 정답은 "③"이다.

13 출제영역 >> 강구조   난이도 중   정답 ④

필릿용접의 유효길이는 필릿용접의 총길이에서 필릿치수(사이즈)의 2배를 공제한 값으로 한다.
따라서, 정답은 "④"이다.

14 출제영역 >> 구조역학   난이도 중   정답 ②

$E = \dfrac{PL}{A\delta} = \dfrac{30,000 \times 500}{300 \times 0.5} = 100,000\,MPa = 100\,GPa$

따라서, 정답은 "②"이다.

15 출제영역 >> 강구조   난이도 상   정답 ①

$\lambda_f = \dfrac{b_f}{t_f} = \dfrac{(300/2)}{15} = 10, \quad \lambda_w = \dfrac{f_w}{t_w} = \dfrac{(300-30)}{10} = 27$이다.

따라서, 정답은 "①"이다.

16　출제영역 ≫ 목구조　　　　　　　　　　난이도 중　　정답 ②

목구조에서 주요 구조부가 공칭두께 50mm(실제두께 38mm)의 규격재로 건축된 목구조를 경골목구조라고 한다.
따라서, 정답은 "②"이다.

17　출제영역 ≫ 철근콘크리트구조　　　　　　난이도 중　　정답 ④

캔틸레버 슬래브의 경우 $\ell/8$ 이다.
따라서, 정답은 "④"이다.

18　출제영역 ≫ 구조설계기준　　　　　　　　난이도 상　　정답 ③

풍동실험에서 풍동 내 대상건축구조물 및 주변 모형에 의한 단면 폐쇄율은 풍동의 실험단면에 대하여 8% 미만이 되도록 하여야 한다.
따라서, 정답 "③"이다.

19　출제영역 ≫ 구조역학　　　　　　　　　　난이도 중　　정답 ①

$5 \times 10 + 3 \times 8 - 1 \times 4 + 8 \times 1 = R(15) \times x$, $\therefore x = 5.2$
따라서, 정답은 "① A점에서 왼쪽으로 5.2m"이다.

20　출제영역 ≫ 철근콘크리트구조　　　　　　난이도 중　　정답 ④

$$l_{dh} = \frac{0.24 d_b f_y}{\sqrt{f_{ck}}} = \frac{0.24 \times 22 \times 500}{5} = 528$$
따라서, 정답은 "④ 528"이다.

제
06
회

Answer

01	④	02	④	03	③	04	①	05	②
06	③	07	③	08	②	09	①	10	②
11	②	12	④	13	②	14	①	15	②
16	②	17	①	18	③	19	③	20	④

01 출제영역 >> 철근콘크리트구조   난이도 하   정답 ④

압축연단의 콘크리트 변형률이 0.0033에 도달함과 동시에 인장철근의
변형률이 항복변형률에 도달하는 상태를 균형변형률 상태라고 한다.
따라서, 정답은 "④"이다.

02 출제영역 >> 건축일반구조   난이도 하   정답 ④

터파기 흙막이 공사의 안전 저해현상은 보일링, 히빙, 파이핑 등이 있고,
사운딩은 이와 관계없다.
따라서, 정답은 "④"이다.

03 출제영역 >> 구조설계기준   난이도 하   정답 ③

하중조합에서 풍하중(W)은 그 자체가 극한하중으로 안전율(하중계수)
의 개념이 포함되어 있으므로, 계수를 곱하지 않는다. 따라서, 0.9 D +
1.3 W는 옳지 않다.
따라서, 정답은 "③ 0.9 D + 1.3 W"이다.

04 출제영역 >> 철근콘크리트구조   난이도 중   정답 ①

피복두께는 콘크리트 표면과 그에 가장 가까이 배치된 철근의 표면까지
의 거리이다. 따라서, 정답은 "①"이다.

05 출제영역 >> 철근콘크리트구조   난이도 중   정답 ②

D16 주철근에 대한 $90°$ 표준갈고리의 구부림 내면 반지름은 $3d_b$ 이상
으로 하여야 한다.
따라서, 정답은 "②"이다.

06 출제영역 >> 철근콘크리트구조   난이도 상   정답 ③

등가직사각형 응력블록에서 A는 $0.85 f_{ck}$ 이고, B는 $0.8c$ 이다.
따라서, 정답은 "③"이다.

07 출제영역 >> 구조설계기준   난이도 중   정답 ③

풍하중 지표면 조도구분에서 높이 1.5~10m 정도의 장애물이 산재해 있
는 지역은 "C"에 해당한다.
따라서, 정답은 "③"이다.

08 출제영역 >> 강구조   난이도 상   정답 ②

강구조 비구속판에서 ㄱ형강의 다리, ㄷ형강 및 Z형강의 플랜지에 대한
폭 b는 전체 공칭치수이다.
따라서, 정답은 "②"이다.

09 출제영역 >> 내진설계기준   난이도 중   정답 ①

내진 계획에서 한 층의 유효질량이 인접층의 유효질량과 차이가 크면
비정형으로 되어 내진에 불리해진다.
따라서, 정답은 "①"이다.

10 출제영역 >> 구조역학   난이도 하   정답 ②

$\Sigma M_a = 10 \times 3 - V_B \times 10 = 0$, $V_B = 3$, $\therefore V_C = -3$
$\Sigma M_c = V_D \times 4 - M_C = 0$, $\therefore M_C = 12$
따라서, 정답은 "②"이다.

11 출제영역 >> 강구조   난이도 중   정답 ②

접합부의 얇은 쪽 모재두께가 13mm일 때, 필릿용접의 최소 사이즈는
5mm이다.
따라서, 정답은 "②"이다.

12 출제영역 >> 건축일반구조   난이도 중   정답 ④

기초판 밑면적, 말뚝의 개수와 배열 산정에는 사용하중이 적용된다.
따라서, 정답은 "④"이다.

13 출제영역 >> 강구조   난이도 중   정답 ②

강구조 접합부 설계에서 블록전단파단의 경우 한계상태에 대한 설계강
도는 전단저항과 인장저항의 합으로 산정한다.
따라서, 정답은 "②"이다.

14 출제영역 >> 구조역학   난이도 중   정답 ①

캔틸레버보에 등분포하중이 작용할 때, 자유단의 최대처짐각은 $\dfrac{\omega \ell^3}{6EI}$ 이다.
따라서, 정답은 "①"이다.

15 출제영역 >> 목구조   난이도 상   정답 ②

경골 목구조에서 벽체의 스터드가 각 층마다 별도 구조체로 건축되고
벽체 위에 윗층의 바닥이 올려지고 그 위에 다시 윗층의 벽체가 시공되
는 공법을 플랫폼구조라고 한다.
따라서, 정답은 "②"이다.

16 　출제영역 >> 조적구조　　　　　　　　난이도 중　　정답 ②

조적식 구조에서 사용되는 벽체용 붙임 모르타르의 용적배합비는 1.5∼2.5이다.
따라서, 정답은 "②"이다.

17 　출제영역 >> 구조역학　　　　　　　　난이도 중　　정답 ①

$$I_x = \frac{BH^3}{3} - \frac{bh^3}{3} = \frac{3a \times (2a)^3}{3} - \frac{a \times a^3}{3} = \frac{23a^4}{3}$$

따라서, 정답은 "①"이다.

18 　출제영역 >> 기타구조　　　　　　　　난이도 상　　정답 ③

① 막구조는 휨에 대한 저항성이 약하다.
② 습식 구조보다 시공 기간이 짧다.
④ 스페이스 프레임 등으로 구조물의 형태를 만든 뒤 지붕 마감으로 막재를 이용하는 것을 골조막 구조라 한다.
따라서, 옳은 것은 "③"이다.

19 　출제영역 >> 내진설계기준　　　　　　　난이도 중　　정답 ③

특수모멘트골조의 휨부재에서 부재의 폭은 250mm 이상이어야 한다.
따라서, 정답은 "③"이다.

20 　출제영역 >> 강구조　　　　　　　　　난이도 중　　정답 ④

매입형 합성기둥의 설계전단강도는 강재단면의 공칭전단강도와 철근의 공칭전단강도의 합으로 산정할 수 있다.
따라서, 정답은 "④"이다.

Answer

01	①	02	②	03	④	04	②	05	④
06	③	07	②	08	④	09	②	10	④
11	①	12	②	13	③	14	④	15	①
16	②	17	①	18	①	19	③	20	②

01 출제영역 >> 구조설계기준   난이도 하   정답 ①

부재의 영향면적이 36m² 이상인 경우 기본등분포활하중에 활하중저감계수를 곱하여 저감할 수 있다.
따라서, 정답은 "①"이다.

02 출제영역 >> 철근콘크리트구조   난이도 중   정답 ②

강도설계법의 규정과 가정에 따라 계산된 강도 감소계수를 적용한 부재 또는 단면의 강도는 설계강도이다.
따라서, 정답은 "②"이다.

03 출제영역 >> 구조설계기준   난이도 중   정답 ④

냉난방 설비 하중은 유사활하중이 아니다.
따라서, 정답은 "④"이다.

04 출제영역 >> 철근콘크리트구조   난이도 중   정답 ②

시료채취기준은 체적 120m³당 1회 이상이다.
따라서, 정답은 "②"이다.

05 출제영역 >> 철근콘크리트구조   난이도 중   정답 ④

무근콘크리트의 강도감소계수는 0.55다.
따라서, 정답은 "④"이다.

06 출제영역 >> 철근콘크리트구조   난이도 중   정답 ③

압축철근의 배치목적 중 하나는 보의 연성거동을 증가시키기 위해서이다.
따라서, 정답은 "③"이다.

07 출제영역 >> 구조역학   난이도 중   정답 ②

$$\delta = \frac{PL}{AE} = \frac{200,000 \times 5,000}{(3 \times 100) \times 200,000} = 16.67$$
따라서, 정답은 "② 16.67"이다.

08 출제영역 >> 철근콘크리트구조   난이도 상   정답 ④

인장 이형철근의 정착길이는 항상 300mm 이상이어야 한다.
따라서, 정답은 "④"이다.

09 출제영역 >> 조적구조   난이도 상   정답 ②

속빈단위조적개체는 중심공간, 미세공간 또는 깊은 홈을 가진 공간에 평행한 평면의 순단면적이 같은 평면에서 측정한 전단면적의 75%보다 적은 조적단위이다.
따라서, 정답은 "②"이다.

10 출제영역 >> 기타구조   난이도 중   정답 ④

프리캐스트 콘크리트 슬래브와 덧침 슬래브가 면내 횡하중에 함께 저항하지 않는 슬래브 격막 : 현장치기 덧침 슬래브 격막이다.
따라서, 정답은 "④"이다.

11 출제영역 >> 철근콘크리트구조   난이도 중   정답 ①

인장철근비를 최대철근비 이상으로 배근할 경우 압축콘크리트가 인장철근보다 먼저 파괴에 이르러 취성파괴가 발생한다.
따라서, 정답은 "①"이다.

12 출제영역 >> 강구조   난이도 상   정답 ②

SS : 일반구조용 압연 형강이다.
따라서, 정답은 "②"이다.

13 출제영역 >> 구조역학   난이도 상   정답 ③

$$\Delta_A = \frac{PL^3}{3EI}, \quad \Delta_B = \frac{ML^2}{2EI} = \frac{PL^3}{2EI}, \quad \Delta_A : \Delta_B = 1 : 1.5$$
따라서, 정답은 "③ 1 : 1.5"이다.

14 출제영역 >> 건축일반구조   난이도 하   정답 ④

로드에 연결한 저항체를 지반 중에 삽입하여 관입, 회전 및 인발 등에 대한 저항으로부터 지반의 성상을 조사하는 방법은 사운딩이다.
따라서, 정답은 "④"이다.

15 출제영역 >> 목구조   난이도 중   정답 ①

이음과 맞춤의 단면은 외력의 방향에 직각으로 한다.
따라서, 정답은 "①"이다.

16 **출제영역 >> 구조역학** 난이도 중 정답 ②

$\Sigma M_a = 10 \times 3 + M - V_b \times 10 = 0, (V_A = V_B = 5), \therefore M = 20$
따라서, 정답은 "②"이다.

17 **출제영역 >> 강구조** 난이도 중 정답 ①

응력을 전달하는 단속필릿용접 이음부의 길이는 필릿치수의 10배 이상
또한 30mm 이상을 원칙으로 한다.
따라서, 정답은 "①"이다.

18 **출제영역 >> 기초구조** 난이도 중 정답 ①

$\lambda = \dfrac{kL}{r} = \dfrac{4,000}{(100/2)} = 80$
따라서, 정답 "①"이다.

19 **출제영역 >> 철근콘크리트구조** 난이도 상 정답 ③

$V_c = \dfrac{\lambda \sqrt{f_{ck}} b_w d}{6} = \dfrac{\sqrt{25} \times 300 \times 500}{6} = 125,000N = 125kN$
따라서, 정답은 "③"이다.

20 **출제영역 >> 내진설계기준** 난이도 중 정답 ②

지판은 받침부 중심선에서 각 방향 받침부 중심간 경간의 1/6 이상을 각
방향으로 연장시켜야 한다.
따라서, 정답은 "②"이다.

제
08
회

Answer

01	②	02	①	03	①	04	③	05	③
06	④	07	②	08	①	09	④	10	③
11	②	12	②	13	③	14	③	15	①
16	③	17	①	18	④	19	④	20	②

---

01 출제영역 >> 건축계획각론 - 도서관　　　난이도 중　정답 ②

② 폐가식 서고는 자동화 시스템을 도입하더라도, 개가식 서고보다 사서의 업무량이 많다.

[폐가식 서고]
- 폐가식 서고는 이용자가 도서 목록을 검색한 후, 사서의 승인절차를 거쳐야 도서를 열람할 수 있음.
- 희귀도서, 연구자료, 귀중서적과 같은 특수자료 보관에 유리하여 국립도서관, 대학도서관, 연구소 도서관 등에서 많이 사용됨.
- 서고 내부의 온도와 습도를 조절 하여 도서의 보전 상태를 최적화 할 수 있음.

---

02 출제영역 >> 건축계획각론 - 단지계획　　　난이도 하　정답 ①

[레드번]
- 라이트와 스타인이 제안
- 보행자와 자동차 교통의 분리(보차분리)
- 슈퍼블록(super block)단위로 계획 : 간선도로에 의해 분할되지 않는 주구
- 차량접근을 위한 서비스 도로는 쿨데삭으로 구성

[뉴어바니즘]
- 도시 중심을 복원하고, 확산하는 교외를 재구성하며 도시의 커뮤니티, 경제, 환경을 통합적으로 고려하였음

---

03 출제영역 >> 건축계획각론 - 업무시설　　　난이도 중　정답 ①

② 중심코어형은 바닥 면적이 큰 고층, 초고층 사무실에 적합하다.
③ 한 개의 대공간을 필요로 하는 전용사무소에 적합한 것은 양단코어형이다.
④ 중심코어형은 구조적 안정성이 높고 평면 유효면적을 증가시킨다.

[편심코어]
- 기준층 바닥면적이 작은 경우에 적합.
- 소규모 사무실에 적합

[독립코어]
- 자유로운 사무실 공간계획이 가능
- 방재/내진 구조에는 불리
- 설비덕트나 배관 연결에 제약이 따름

[중심코어]
- 고층/ 초고층 건축물의 내진구조에 적합, 바닥면적이 큰 경우 적용 편리
- 임대사무소에서 가장 경제적인 코어

[양단코어]
- 한 개의 큰 공간을 필요로 하는 전용 사무소에 적합
- 2방향 피난이 가능해 방재/ 피난상 유리

---

04 출제영역 >> 건축계획각론 - 단독주택　　　난이도 중　정답 ③

③ 주방계획은 '재료준비 - 세척 - 조리 - 가열 - 배선 - 식사'의 작업순서를 고려해야한다.

[숑바르 드 로브의 주거면적 기준]
- 병리기준 8m²/인
- 한계기준 14m²/인
- 표준기준 16m²/인

[프랑크푸르트 암 마인 국제 주거회의 주거면적 기준]
- 국제 주거회의 15m²/인

---

05 출제영역 >> 건축설비　　　난이도 상　정답 ③

③ 변풍량 단일덕트 방식(VAV)은 가변풍량 유닛을 통해 개별 제어가 가능하지만, 정밀한 환경 제어가 요구되는 클린룸이나 수술실에는 적합하지 않다.

[열 순환 매체에 따른 공조방식 분류]
- 전공기 방식 : 정풍량 단일덕트 방식, 변풍량 단일덕트 방식, 이중덕트 방식, 멀티존유닛방식
- 공기수 방식 : 유인유닛 방식, 덕트병용 팬코일유닛 방식
- 전수 방식 : 팬코일 유닛 방식
- 냉매 방식 : 패키지 유닛 방식

---

06 출제영역 >> 친환경　　　난이도 중　정답 ④

④ 대중교통을 이용할 수 있는 환경을 우선으로 하고, 자연 환경을 우선 보존하기 위해서 교외지역의 개발은 우선이 아닌 후순위로 두어야 한다.

---

07 출제영역 >> 건축설비　　　난이도 중　정답 ②

① 배수관 상단에 설치되어 과압 방지를 주목적으로 하는 것은 신정통기관에 대한 설명이다.
③ 배수트랩에 직접 설치하지 않고, 다른 통기방식의 보조적 통기관으로 기능하는 것은 도피통기관에 대한 설명이다. 도피통기관은 루프통기관의 통기능률을 향상시키기 위한 통기관이다.
④ 환상 형태로 트랩에 설치되어 압력 균형을 유지하는 것은 루프 통기관이다.

[통기설비의 종류와 특징]
- 각개 통기관 : 각 기구의 트랩마다 통기관을 설치하는 방식
- 루프 통기관 : 1개의 통기관은 8개의 위생기구(세면기 기준)를 감당할 수 있음
- 신정 통기관 : 수직통기관을 설치하지 않고 배수 수직관 상부에 연장하여 그대로 대기 중으로 개방하는 단순한 통기방식
- 도피 통기관 : 루프 통기관에서 통기능률을 촉진시키기 위해 설치하는 통기관
- 결합 통기관 : 5개층마다 설치하여 배수 수직관의 통기를 촉진

08 출제영역 >> 건축계획각론 – 극장   난이도 상   정답 ④

④ 그린룸(green room)은 출연자 대기실을 말한다. 무대와 가깝게 하고, 같은 층에 둔다. 또한, 크기는 일반적으로 30제곱미터 이상으로 한다.

[극장 무대 관련 용어]
- 플라이 갤러리(fly gallery) : 그리드 아이언으로 올라가는 연결통로(높이 6~9m, 폭 1.2~2m)
- 록레일(rock rail) : 와이어 로프를 한 곳에 모아서 조정
- 사이클로라마(cyclorama) : 무대의 가장 뒤에 설치되는 무대 배경용 벽
- 그린룸(green room) : 출연자 대기실
- 드레스 룸(dress room) : 의상보관 및 환복을 위한 실

09 출제영역 >> 서양건축사   난이도 하   정답 ④

④ 우르의 지구라트는 사각형 평면을 가지고 있으며, 각 모서리가 각각 동, 서, 남, 북을 향하도록 하였고, 종교적 기능뿐만 아니라 천문관측의 기능을 수행했다.
- 인슐라 : 로마시대 서민 주택
- 도무스 : 로마시대 귀족의 저택

10 출제영역 >> 건축법규   난이도 중   정답 ③

③ 기존 건축물의 전부 또는 일부를 해체하고 그 대지 안에 종전과 같은 규모의 범위 안에서 건축물을 다시 축조하는 것은 개축에 해당한다.
- 재축 : 재축은 천재지변이나 재해에 의하여 멸실된 경우 종전과 동일한 규모로 축조하는 것

11 출제영역 >> 한국건축사   난이도 하   정답 ②

② 다포계 양식은 주심포계 양식보다 기둥의 배흘림이 덜 강조되며, 구조적으로 더 복잡하다.

[주심포계 양식]
- 고려 초기에 시작, 조선시대 초기 사용
- 공포를 기둥 위에만!, 맞배지붕이 일반적
- 강한 배흘림 기둥, 소규모 건축물
- 고려시대 주심포식 : 봉정사 극락전(현존하는 가장 오래된 목조건축), 부석사 무량수전, 수덕사 대웅전, 강릉 객사문

[다포계 양식]
- 창방위에 평방! 그 위에 공포
- 기둥 사이에 공포를 배치
- 고려 말 부터 주요 건물에 사용됨

12 출제영역 >> 건축계획각론 – 학교   난이도 중   정답 ②

② 분산병렬형은 편복도를 사용하는 경우 복도 면적이 늘어나고 동선이 길어지며, 유기적인 구성은 어렵다.

[분산병렬형]
- 일조, 통풍 등 환경 조건이 균등
- 구조 계획이 간단하고 규격형의 이용에 편리함
- 각 건물 사이는 놀이터와 정원으로 이용

13 출제영역 >> 건축계획각론 – 미술관   난이도 하   정답 ③

③ 중앙홀 형식은 중심공간을 강조한 구조로, 장래 확장에는 제한이 있다.

[특수전시 기법]
- 디오라마 방식 : 전시물의 입체적 구성으로 현장감을 강조한 전시기법
- 아일랜드 방식 : 독립된 전시공간을 구성하는 데 효과적인 기법으로 다양한 공간연출 가능
- 파노라마 방식 : 전시물들의 나열 자체가 하나의 큰 그림이나 풍경처럼 보이도록 하여 전체적인 맥락이 이해될 수 있도록 함

14 출제영역 >> 건축법규   난이도 중   정답 ③

③ 장애인을 위한 출입문의 유효폭은 0.9m 이상으로 하여야 한다.

[장애인 등의 출입이 가능한 출입문]
- 출입구(문)은 아래의 그림과 같이 그 통과유효폭을 0.9m 이상으로 하여야 하며, 출입구(문)의 전면 유효거리는 1.2m 이상으로 하여야 함. 다만, 연속된 출입문의 경우 문의 개폐에 소요되는 공간은 유효거리에 포함하지 아니함

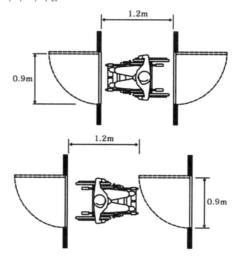

15 출제영역 >> 건축설비   난이도 중   정답 ①

[화재 감지기]
- 정온식 : 일정 온도 이상에서 작동
- 차동식 : 일정 온도 상승률 이상에서 작동
- 보상식 : 정온식과 차동식의 절충식

16 출제영역 >> 건축법규   난이도 하   정답 ③

③ 대지 안에 도시계획시설인 도로, 공원이 있는 경우에 그 도시계획시설에 포함되는 부분은 대지면적 산정에서 제외시킨다.

17　출제영역 >> 한국건축사　　　　　　　　　　난이도 상　　정답 ①

① 조선시대 사찰, 궁궐 등 대규모 건축물에는 원형기둥을 사용하였고, 유교를 통치이념으로 삼았기 때문에 엄격한 질서와 합리성을 내세우는 단정하고 검소한 조형이 주류를 이루었다.

- 각형 기둥: 주택, 소규모 건축물
- 원형 기둥: 궁궐, 사찰

18　출제영역 >> 서양건축사　　　　　　　　　　난이도 중　　정답 ④

④ 필리포 브루넬레스키는 도나토 브라만테, 알베르티 등과 함께 르네상스 시대에 활동한 건축가이다.

[브루넬레스키]
- 입체적 원근법을 도입한 투시도법 창안
- 산타마리아 델 피오레 성당의 돔

19　출제영역 >> 건축법규　　　　　　　　　　난이도 하　　정답 ④

④ 용도별 한계기준면적은 건축법령에서 규정하고 있는 규모제한사항이 아니다.

[건축법령 규정사항]
- 건폐율, 용적률
- 일조 등의 확보를 위한 높이제한
- 가로구역별 높이제한

20　출제영역 >>　　　　　　　　　　　　　　　정답 ②

② 중심코어형은 고층 건축물에 적합하다. 그러나 바닥면적이 작을수록 비효율적이다.

[중심 코어형]
- 고층 건축물에 적합함
- 대규모 바닥면적에 적합한 유형.
- 내력 구조체로 구조적 안정성 구축가능.

Answer

01	②	02	③	03	④	04	④	05	④
06	③	07	④	08	③	09	④	10	①
11	②	12	④	13	②	14	②	15	②
16	④	17	③	18	②	19	②	20	③

01 출제영역 >> 건축계획각론 – 공동주택   난이도 중   정답 ②

② 메조네트형은 공용면적이 줄어들고 전용면적이 증가하는 장점이 있다.

[메조네트(복층)형]
• 한 세대가 2개 층 이상을 사용하는 복층구조의 공동주택
• 수직방향 인접세대와 접하는 슬래브 면적이 감소하여 세대 간 층간소음이 줄어듦
• 공용면적은 감소하고 전용면적의 비율은 증가함
• 엘리베이터 정지층수를 줄일 수 있어 수직 동선 효율성이 높아짐
• 소규모 주택에는 적합하지 않음

02 출제영역 >> 건축계획각론 – 도서관   난이도 중   정답 ③

③ 서고 면적 1m²당 150~250권의 도서를 수장할 수 있도록 계획한다. (약 200권)

03 출제영역 >> 친환경 – 제로에너지건축물   난이도 상   정답 ④

④ 대형 유리창은 냉난방 부하를 증가시킬 수 있으며, 제로에너지 설계에서는 적합하지 않은 요소이다.

04 출제영역 >> 건축계획각론 – 병원   난이도 중   정답 ④

④ 탈의한 환자의 체온 유지를 위해 수술실의 온도는 26.6℃ 이상의 고온으로 하고, 습도는 55% 이상으로 하여야 한다.

[수술실 계획]
• 수술실의 공조방식은 변풍량(VAV)은 부적합하며, 고정풍량(CAV)을 통해 일정한 압력과 청정도를 유지해야 함.
• 교차감염 방지를 위해 타 부서의 통과 교통은 없도록 익단부에 위치하도록 함
• 멸균 재료와의 동선이 짧아야 시간 지연과 오염을 줄일 수 있으므로 멸균재료부와 근접시킴
• 수술 중 필요한 즉각적 검사 및 진단을 위해 조직병리부, 진단방사선부와 가까운 곳에 위치하도록 함.

05 출제영역 >> 건축설비   난이도 하   정답 ④

④ 직접가열식 급탕방식은 중·소규모 건축물에 주로 사용되며 난방과 급탕을 위한 보일러를 각각 설치하여야 하고, 배관에 스케일 발생우려가 있다.

[직접 가열식 급탕방식]
• 온수 보일러에서 가열된 온수를 저탕조에 저장하였다가 급탕관을 통해 기구로 공급함
• 고압의 보일러 필요. 저양정의 순환펌프 사용
• 주택 또는 소규모 건물에 적합

[간접 가열식 급탕방식]
• 보일러 내에서 만든 고온수나 증기를 열교환기(코일)로 보내 간접 가열
• 대규모 건물에 사용함
• 가열코일 필요

06 출제영역 >> 건축환경   난이도 하   정답 ③

① 남측창에는 수평차양이 적합하다.
② 일사 차단 효과는 차양을 실외에 설치할 때가 더 좋다.
④ 천창의 일사량은 측창의 3배이다.

[일사차폐 계획]
• 내부차양장치 : 외부 일조 조건을 실내에서 조절하는 장치(커튼, 블라인드 등)
• 외부차양장치 : 외부에 설치하여 일조조절, 에너지 절약(선스크린 등)
• 고정차양장치 : 수직루버(동, 서향에 유리), 수평루버 : (남향에 유리)

07 출제영역 >> 건축계획각론 – 총론   난이도 중   정답 ④

④ 발주자에게 건물 모델 및 정보를 건물 운영 관리 시스템에 사용될 수 있도록 넘겨 주어 완공 후 운영단계에서도 유지관리 등에 BIM 데이터를 활용할 수 있다.

[BIM(Building Information Modeling)]
• 설계, 분석, 시공 및 관리 효율성 극대화를 위해 3차원 모델링에 각 건설 요소별 메타 데이터를 함께 내장하여 엔지니어링과 시공 프로세스 관련 정보를 통합활용
• 건설의 각 분야에서 조기 협업이 가능 (설계 – 시공간 협력 강화)
• 초기의 작업량이 많아짐
• 설계변경의 가능성과 횟수가 감소함
• 구조, 건축, 설비 등 분야별 간섭체크가 가능하며 도면의 정확도가 높아짐.
• 비정형 건축의 경우에도 물량산출 가능
• 설계단계 – 공사비 견적에 활용
• 시공단계 – 공정계획 및 관리효율 향상
• 공기단축에 기여 가능, 설계변경 시 데이터 무결성 확보

08 출제영역 >> 건축환경   난이도 중   정답 ③

③ 건물의 기밀성을 강화하면 열손실을 줄일 수 있으나 환기가 부족해지면 내부 습도가 증가하여 결로가 발생할 가능성이 있다. 기밀 강화만으로 결로를 완전히 차단할 수 없다.

[결로의 원인]
• 실내외 온도차
• 실내 습기의 과다 발생
• 생활습관에 의한 환기 부족
• 구조체의 열적특성, 시공 불량

09 출제영역 >> 건축설비　　　　　　난이도 중　정답 ④

④ 복사난방은 실내에 주로 설치하므로 열 손실을 막기위한 별도의 단열층이 필요하다.

[복사난방]
- 실내의 온도분포가 균등하고 쾌감도 높음
- 방열기가 불필요하며, 바닥면의 이용도 높음
- 예열에 시간이 많이 소요되고, 열 손실에 유의(단열재 시공)
- 열용량이 크므로 외기 변화에 유연하게 대처가 어려움
- 설비비 비싸고 시공 어려움
- 주택, 병원의 병실

10 출제영역 >> 건축계획각론 – 공장　　　난이도 하　정답 ①

① 고정식 레이아웃 방식은 제품이 크고 수가 적을 때 사용한다. 건축, 선박 등

[고정식 레이아웃]
- 주가 되는 재료나 조립 부품은 고정되고, 사람이나 기계가 이동해 가며 작업을 하는 방식
- 선박, 건축 등과 같이 제품이 크고, 수량이 적은 경우 적합

11 출제영역 >> 한국건축사　　　　　　난이도 상　정답 ②

② 창경궁의 정문은 홍화문이며 정전은 명정전으로 정전이 동향을 한 특유한 예이다.
- 덕수궁의 정문 : 대한문
- 창경궁의 정문 : 홍화문
- 경복궁의 정문 : 광화문
- 창덕궁의 정문 : 돈화문

12 출제영역 >> 건축법규　　　　　　난이도 중　정답 ④

④ 계단의 유효높이(계단의 바닥 마감면부터 상부 구조체의 하부 마감면까지의 연직방향의 높이를 말한다.)는 2.1m 이상으로 할 것

[계단의 기준]
- 계단참 : 높이 3m 이내마다 유효너비 1.2m 이상의 계단참을 설치
- 난간 : 높이가 1m를 넘는 계단에는 계단 및 계단참의 양옆에는 난간을 설치
- 중간난간 : 계단의 중간에 너비 3m 이내마다 난간을 설치할 것
- 유효너비 : 2.1m 이상으로 할 것

13 출제영역 >> 서양건축사　　　　　　난이도 중　정답 ②

[근대 건축운동과 대표 건축가]
- 빈 분리파 : 아돌프 로스, 오토 바그너, 호프만
- 독일 공작연맹 : 피터 베렌스, 월터 그로피우스
- 데 스틸 : 게리트 리트벨트, 테오 반 되스버그
- 표현파 : 에릭 멘델존

14 출제영역 >> 건축법규　　　　　　난이도 상　정답 ②

② 일반공업지역 내 연면적 600m² (2층) 규모의 공장 신축은 신고가 아닌 허가대상

[신고대상 건축물]
- 바닥면적의 합계가 85m² 이내의 증축, 개축 또는 재축
- 연면적 합계가 100m² 이하인 건축물
- 관리지역, 농림지역, 자연환경보존지역 내(즉, 도시지역 외) 연면적 200m² 미만, 3층 미만
- 2층 이하 연면적 500m² 이하의 공장
- 높이 3m 이하의 범위에서 증축

15 출제영역 >> 건축법규　　　　　　난이도 하　정답 ②

② 연면적은 지하층을 포함한 건축물 각층 바닥면적의 합계이다.
- 용적률 산정용 연면적 : 지하층 제외

16 출제영역 >> 건축계획각론 – 근린주구　난이도 하　정답 ④

④ 페리(Clarence Perry)는 뉴욕 및 그 주변지역계획에서 일조문제와 인동간격의 이론적 고찰을 통해 근린주구이론을 정리하였다.

[페리의 근린주구]
- 최초로 근린(Neighborhood)의 정의를 설정함
- 일조와 인동간격의 이론적 고찰을 통해 근린주구 개념 정립
- 초등학교를 중심에 배치하고 지역의 반지름은 약 400m로 설정
- 중심시설에는 교회, 커뮤니티센터, 학교

17 출제영역 >> 서양건축사　　　　　　난이도 중　정답 ③

① 아크로폴리스(Acropolis) – 신전 등이 있는 그리스 아테네의 성채
② 아고라(Agora) – 그리스의 광장
④ 포럼(Forum) – 로마의 광장

18 출제영역 >> 한국건축사　　　　　　난이도 하　정답 ②

② 석왕사 응진전 – 다포식 건축물

[주심포식 건축물]
- 봉정사 극락전, 부석사 무량수전, 수덕사 대웅전, 강릉 객사문, 봉정사 고금당, 부석사 조사당, 관룡사 약사전

[다포식 건축물]
- 개심사 대웅전, 동대문, 남대문(숭례문), 경복궁 근정전, 범어사 대웅전, 석왕사 응진전, 심원사 보광전

19 출제영역 >> 건축계획각론 – 단독주택　　　난이도 중　정답 ③

- $Q = nV$　$Q = $ 환기량, n : 환기횟수, V : 실의 부피
- 50m³/h × 4(인) = 200 m³/h
- 200m³/h ÷ 2회/h = 100m³
- 100m³ ÷ 4m = 25m²

20 출제영역 >> 건축계획각론 – 체육관　　　난이도 중　정답 ③

③ 천장높이는 일반적으로 탁구경기장은 최저 4.0m, 배구경기장은 최저 12.5m가 필요하다.

[종목에 따른 천장 높이기준]

체육시설	천장 높이
탁구	4m
농구	7m
배드민턴	8m
배구	12.5m

01 출제영역 >> 건축계획각론 – 학교   난이도 중   정답 ③

③ E형은 학급 수보다 일반교실의 수가 학급수보다 적다.

[학교 운영방식]
• U(A형) – 종합교실형: 초등학교 저학년에 가장 적당. 이용률 높고 순수율 낮음
• U + V형 – 일반 교실형 + 특별 교실형: 초등학교 고학년에 적합
• V형 – 교과교실형: 모든 교실이 특정한 교과를 위해 만들어지고 일반교실은 없음
• E형 – U+V형과 V형의 중간: 일반 교실의 수는 학급 수보다 적고, 특별교실의 순수율은 반드시 100%가 되지 않음
• P형 – 플래툰 형: 전 학급을 2분단으로 나누고, 한편이 일반교실을 사용할 때, 다른 한편은 특별교실을 사용함.
• D형 – 달톤형: 학급 및 학년을 없애고 학생들은 각자의 능력에 따라 교과를 선택함

02 출제영역 >> 건축계획각론 – 극장   난이도 중   정답 ④

④ 아동극이나 인형극에서의 관람한계는 배우의 표정이나 동작을 상세히 감상할 수 있는 생리적 한계로 15m이다.

[객석의 한계]
• 생리적 한계(15m): 배우의 표정이나 동작을 상세히 감상. 인형극, 아동극, 연극
• 제1차 허용한도(22m): 실제 극장에서 사용되는 수용한계, 국악, 신극, 실내악, 소규모 오페라/발레
• 제2차 허용한도(35m): 배우의 일반적인 동작이 보이는 한계. 그랜드 오페라/발레, 뮤지컬

03 출제영역 >> 건축설비   난이도 상   정답 ④

④ 관내의 유속이 급격히 감소하였을 때는 수격작용이 발생하지 않는다.

[수격작용]
• 관내 유속이 빠르거나 밸브, 수전 등으로 관내 흐름을 순간적으로 폐쇄하면, 관내에 압력이 상승하면서 생기는 배관 내의 마찰음 현상
• 밸브의 급조작 시, 유속의 급정지 시에 발생
• 관경이 작거나 수압 과다, 유속이 클 때 발생

[수격작용 방지대책]
• 관내 유속을 느리게 하고, 곡관부를 최대한 줄이고 직선배관으로 함
• 에어챔버(air chamber) 설치
• 관경을 확대하고, 수압을 감소시킴
• 수격 방지기구는 발생원이 되는 밸브와 가급적 가까운 곳에 부착

04 출제영역 >> 건축계획각론 – 총론   난이도 중   정답 ③

③ 질감은 건축의 형태구성원리에 포함되지 않는다.

05 출제영역 >> 건축환경   난이도 하   정답 ①

① 전도는 고체분자 사이에서 일어나는 열 전달 형태이다.

[물질의 열전달]
• 전도: 고체 또는 정지유체(공기, 물)에서 고온의 분자에서 저온의 분자로 열 에너지가 전해질 때의 열이동 현상
• 대류: 온도차가 발생한 공간에서 유체(공기, 물 등)의 이동에 의해 열이 전달되는 현상
• 복사: 고온의 물체 표면에서 저온의 물체표면으로 적외선(전자파)에 의해 열이 직접 전달되는 현상

06 출제영역 >> 건축계획각론 – 사무소   난이도 하   정답 ③

② 편심코어는 대규모의 사무소 건축에 적합하지 않다.
• 대규모의 사무소 건축에 적합한 것은 중심코어(중앙코어)형식

[편심코어]
• 기준층 바닥면적이 작은 경우에 적합.
• 소규모 사무실에 적합

[독립코어]
• 자유로운 사무실 공간계획이 가능
• 방재/내진 구조에는 불리
• 설비덕트나 배관 연결에 제약이 따름

[중심코어]
• 고층/ 초고층 건축물의 내진구조에 적합, 바닥면적이 큰 경우 적용 편리
• 임대사무소에서 가장 경제적인 코어

[양단코어]
• 한 개의 큰 공간을 필요로 하는 전용 사무소에 적합
• 2방향 피난이 가능해 방재/피난상 유리

07 출제영역 >> 서양건축사   난이도 상   정답 ③

③ 고딕 양식은 12세기~16세기에 나타난 건축양식이며, 로마네스크 시대의 버트레스가 발달하여 건축물의 높이를 더욱 높이고, 채광과 환기가 가능한 플라잉 버트레스 형태로 나타났다.

[고딕양식의 주요 특징]
• 리브볼트
• 장미창
• 플라잉 버트레스
• 첨탑

08 출제영역 >> 건축계획각론 – 박물관 미술관　　　난이도 중　정답 ②

② 분동형(pavilion type)은 분산된 여러 개의 전시실이 광장을 중심으로 건물군을 이루는 형식으로, 많은 관람객의 집합, 분산, 선별 관람에 유리하다.

[전시공간의 배치형식]

유형	내용 및 특성
개방형	• 전시공간 구획 없이 개방된 형식 • 효과적인 전시 연출이 가능한 형식 • 전시 내용에 따라 가동 형식 가능
집약형	• 단일 건축물 내에 크고 작은 전시공간을 집약 시킨 형식 • 중소규모 박물관 미술관에서 많이 볼 수 있음
분동형	• 관람자들의 집합이나 분산, 선별 관람이 용이하도록 도와주는 형식 • 동시에 많은 관람자를 수용해야 하는 경우 적합
중정형	• 중정을 중심으로 한 ㅁ자 건축물 배치로 단일 형식과 분동형식을 절충한 형식 • 중정은 대규모 주요 공간의 역할을 겸하며 개별공간의 전실로 관람자가 선별 관람할 수 있게 도와주는 중요공간

09 출제영역 >> 한국건축사　　　난이도 상　정답 ③

③ 익공식 건축물은 조선시대에 들어오면서 일반화되기는 하였으나 크게 성행하지는 못하였고, 대규모보다는 소규모 부속건물 중심으로 많이 사용되었다.
• 익공식 : 조선시대 향교, 서원 등의 유교 건축물에 주로 사용
• 주심포식 : 배흘림이 크고 맞배지붕이 많이 사용됨.
• 다포식 : 대규모 중요도가 높은 건축물에 사용. 팔작지붕이 많이 사용됨.

10 출제영역 >> 건축계획각론 – 상업건축　　　난이도 상　정답 ②

② 몰의 폭은 6~12m이며 240m를 초과하지 않도록 하는 것이 바람직하다.

[쇼핑센터의 몰(mall)]
• 쇼핑센터 내 주요 보행동선.
• 고객을 각 상점 내로 고르게 유도하고, 고객의 휴식처로서의 기능을 함
• 동선을 유도하고 방향성과 식별성을 부여함
• 몰의 폭은 6~12m가 일반적이며, 몰의 길이는 240m가 한계
• 길이 20~30m마다 변화를 주어 단조로운 느낌이 들지 않도록 하여야 한다.

11 출제영역 >> 건축계획각론 – 공동주택　　　난이도 상　정답 ③

① 차량동선은 9m(버스), 6m(소로), 4m(주거동 진입도로)의 3단계 정도로 한다.
② 배치계획에서 고려해야 할 것은 차량 동선과 보행동선의 보차 분리, 일조, 풍향, 방화 등이다.
④ 계단참의 설치 높이는 3m 이내마다 너비 1.2m 이상으로 계획하여야 한다.

12 출제영역 >> 건축설비　　　난이도 중　정답 ②

② 내화구조인 경우 스프링클러 헤드 1개의 유효 반경은 1.7m이다.

[스프링클러 설비의 헤드 유효반경]
• 특수 가연물 저장창고 : 1.7m
• 일반 구조 : 2.1m
• 내화 구조 : 2.3m

13 출제영역 >> 건축법규　　　난이도 하　정답 ④

[주요 구조부]
• 내력벽, 기둥, 바닥, 보, 지붕틀, 주계단

14 출제영역 >> 건축법규　　　난이도 중　정답 ②

② 너비 5m, 종단 기울기 12%인 도로 – 경사도 10% 초과에 해당하여 설치 금지

[노외 주차장의 출구 및 입구 설치 금지장소]
• 횡단보도 육교 5미터 이내 설치 금지
• 너비 4미터 미만, 10% 초과 도로 설치금지
• 교차로 가장자리, 도로 모퉁이 5미터 이내 설치금지
• 장애인 노유자 시설 등 20미터 이내 설치금지

15 출제영역 >> 서양건축사　　　난이도 중　정답 ③

ㄷ. Antoni Gaudi – 성 가족 성당 – 아르누보
ㅁ. Erich Mendelsohn – 아인슈타인 타워 – 표현주의
• 로비하우스 – 프랭크 로이드 라이트
• 시세션 – 요제프 마리아 올브리히, 요제프 호프만, 아돌프 로스

16 출제영역 >> 건축환경　　　난이도 하　정답 ③

③ 광도는 광원에서 발산하는 빛의 세기를 말하며 단위는 칸델라(cd)이다.
• 니트(nt)는 휘도의 단위이다.

17 출제영역 >> 한국건축사　　　난이도 중　정답 ①

[한국의 근대 건축가]
• 김수근 : 자유센터, 경동교회, 부여 박물관, 세운상가, 국립과학관
• 승효상 : 수졸당, 수백당, 웨콤시티, 퇴촌주택
• 류춘수 : 상암 월드컵 경기장
• 이희태 : 절두산 성당, 혜화동 성당, 메트로 호텔, 공주 박물관
• 김중업 : 주한 프랑스 대사관, 제주대학교 본관, 명보극장, 삼일빌딩, 올림픽 상징조형물

18 출제영역 >> 건축설비   난이도 상   정답 ③

③ 지표 또는 수면으로부터 60m 이상의 건축물에는 항공장애등을 설치해야한다.
- 높이가 20m 이상인 건축물 및 낙뢰의 우려가 있는 건축물에는 피뢰침 설비를 설치

19 출제영역 >> 건축계획각론 – 체육시설   난이도 중   정답 ②

② 관객의 퇴장시간은 통로 및 출입구 폭 계획의 기준이 된다.

20 출제영역 >> 건축계획각론 – 체육관   난이도 중   정답 ①

① 1종 전용주거지역
- 제1종 전용 주거지역 : 단독부택 중심의 양호한 주거 환경
- 제2종 일반 주거지역 : 중층주택 중심으로 편리한 주거환경 조성
- 제1종 일반 주거지역 : 저층주택 중심으로 편리한 주거환경 조성
- 제2종 일반 주거지역 : 중층주택 중심으로 편리한 주거환경 조성
- 제3종 일반 주거지역 : 중, 고층 주택 중심으로 편리한 주거환경 조성
- 준주거 지역 : 주거기능을 주로 하면서 상업 및 업무기능을 보완

제
04
회

Answer

01	①	02	②	03	①	04	②	05	②
06	④	07	①	08	②	09	②	10	③
11	①	12	③	13	③	14	④	15	①
16	②	17	②	18	④	19	④	20	③

01 출제영역 >> 건축계획각론 – 상업건축　　난이도 중　정답 ①

② 4대 이상의 엘리베이터를 필요로 할 때, 2000인/h 이상의 수송력을 필요로 할 때, 에스컬레이터를 설치하는 것이 유리하다.
③ 병렬식에는 연속식과 단속식이 있으며, 교차식은 에스컬레이터 배치 형식 중 가장 점유면적이 작다.
④ 에스컬레이터는 고객의 70~80%가 이용하므로 주출입구와 엘리베이터 존의 중간에 배치하는 것이 적절하다.
[에스컬레이터 배치형식]
• **직렬식**: 시야가 가장 좋고 점유면적이 가장 큼
• **병렬식**: 단속식과 연속식이 있음
• **교차식**: 점유면적이 작고, 고객 시야가 좋지 않음

02 출제영역 >> 건축계획각론 – 공장건축　　난이도 중　정답 ②

① 톱날지붕은 직사광이 아닌 약광선을 일정하게 받아들여 작업 능률에 지장이 없도록 한다.
③ 뾰족지붕은 직사광선을 허용하는 단점이 있다.
④ 솟을지붕은 상부의 개폐/경사에 의해 환기량을 조절할 수 있으며 채광창의 경사에 따라 채광 조절이 가능하다.
[공장의 지붕형식]
• **뾰족지붕**: 평지붕과 동일한 최상층 옥상에 천창을 내는 형태, 어느 정도 직사광을 허용하는 결점이 있음
• **솟을지붕**: 채광과 환기에 적합하며, 상부의 개폐/경사에 의해 환기량을 조절 가능
• **톱날지붕**: 북향으로 하루종일 변함없는 조도를 가진 약광선을 수용, 기둥이 많이 필요하며 바닥면적의 효율성 감소
• **샤렌지붕**: 기둥이 적게 소요되어 기계배치 융통성 및 작업능률의 증대를 기대할 수 있음

03 출제영역 >> 건축계획각론 – 미술관　　난이도 상　정답 ①

① 미술관에 아트리움을 설치하면 색 온도가 높고, 자외선 포함률이 높은 자연광이 들어오므로 회화의 직접 전시에 부적합하다.
• 프랭크 로이트 라이트의 구겐하임 미술관은 중앙홀 형식의 변형임.
• 프랭크 게리 – 빌바오 구겐하임 미술관 설계

04 출제영역 >> 건축계획각론 – 문화시설　　난이도 상　정답 ②

② 그리스와 로마의 극장형식은 오픈스테이지 형식으로 관객이 무대를 각각 210도, 180도 둘러싼 형태이다.

[공연장 객석의 세로 통로계획]
• 객석이 한쪽에 있는 경우 : 60~100cm
• 객석이 양쪽에 있는 경우 : 80cm 이상(단, 900m² 초과 시 95cm이상)

05 출제영역 >> 건축설비　　난이도 하　정답 ②

② 악취, 벌레 침입 방지, 하수가스 역류 방지 등이 봉수의 주된 역할이다.
[트랩의 목적]
• 하수도의 악취나 가스를 차단하고 옥내에 침입하는 것을 막는 설비
• 해충이나 쥐 등의 실내 진입을 방지하는 역할
• 급배수 위생설비에서 사용하는 배수트랩과 난방설비에서 사용하는 증기트랩이(증기를 잡아둠) 있음

06 출제영역 >> 친환경　　난이도 중　정답 ④

④ 축열벽을 설치하면 채광과 조망을 충분히 확보하기 어렵다는 단점이 있다.
[자연형 태양열 시스템 – 축열벽(트롬월) 형]
• 실내의 남쪽창의 안쪽으로 돌이나 콘크리트 벽을 설치하여 낮에 축열한 뒤 밤에 열을 실내로 방출함

07 출제영역 >> 서양건축사　　난이도 상　정답 ①

① 산업혁명기에 영국에서 시작된 수공예운동은 예술가와 디자인을 실현하는 산업가는 분리되어야 한다고 주장하였으며, 산업혁명 이전의 예술로의 회귀를 지향하였다.
• 예술가와 산업가의 공백을 메우려 하였던 것은 독일공작연맹

08 출제영역 >> 건축설비　　난이도 중　정답 ②

[밸브의 종류]
• **슬루스밸브(게이트 밸브)**
　– 물과 증기배관에 주로 사용
　– 유체의 흐름에 의한 마찰손실이 적음
　– 급수, 급탕 배관 도중에 설치하여 수압, 유량 조절
• **글로브 밸브(스톱밸브, 구형밸브)**
　– 유체의 저항 손실 큼
　– 배관 내 공기 체류 유발 쉬움
　– 배관 말단에 설치하여 유로 폐쇄 또는 유량 조절 시 이용
• **역지밸브(체크밸브)**
　– 쐐기형의 밸브가 오르내림으로써 유체의 흐름을 한방향으로 흐르도록 유도
　– 유량 조절 기능이 없음

09 출제영역 >> 건축계획각론 – 종합 난이도 상 정답 ②

② 은행지점의 시설규모(연면적)는 고객수 1인당 5~10 m² 또는 객장면적의 1.5~3배 정도로 한다.
• 참고) 영업장과 객장의 비는 3:2 정도가 적절

10 출제영역 >> 건축계획 각론 – 공동주택 난이도 중 정답 ③

① 스킵플로어형은 단층 및 복층형에서 반 층씩 어긋나게 배치하는 형식이다.
② 탑상형은 판상형에 비해 조망이 좋고, 판상형은 다른 주동에 미치는 일조 영향이 크다.
④ 중복도형은 대지의 이용률이 높으나, 채광, 통풍 등의 주거환경이 좋지 못하고 고밀형 주거에도 적합하지 않다.
[메조넷(복층)형]
• 각 세대가 주거 전체를 2개층으로 나누어 사용하는 형식
• 통로면적이 감소하므로 임대면적 증가, 즉 전용 면적비가 큼
• 엘리베이터 정지층수를 줄일 수 있음
• 50제곱미터 이하의 소규모 주택에서는 비경제적
• 수직방향 인접세대에 접하는 슬래브 면적이 줄어 층간소음 감소

11 출제영역 >> 건축환경 난이도 상 정답 ①

① 음압레벨이 20dB에서 80dB로 증가하면 음압은 1000배 증가한다.
[음압 레벨]
• 2×10^{-5} N/m²을 기준값으로 하여 어떤 음의 음압이 기준음압의 몇 배인가를 대수로 표시한 것
• 20dB 커지면 10배, 40dB 커지면 100배, 60dB 커지면 1000배
• $SPL = 20 \times \log \dfrac{P}{P_0}$

12 출제영역 >> 건축설비 난이도 중 정답 ③

[수도직결 방식]
• 수도 본관의 압력을 그대로 이용하여 건축물 내의 필요 부분에 급수
• 2~3층 이하의 소규모 건물에 적절
[고가수조 방식]
• 수도 본관으로부터 물을 받아 수조에 저수 후 옥상에 설치한 고가수조로 양수한 뒤 중력에 의한 자연급수로 건축물 내의 필요 부분에 급수
• 일정한 수압으로 급수 가능
[압력탱크 방식]
• 수조 내부에 물을 먼저 압입하고, 압축공기로 물에 압력을 가하는 방식
• 최고, 최저 압력의 차가 크기 때문에 급수압이 일정하지 않음
[펌프 직송방식]
• 수도 본관의 물을 받아 수조에 저수한 후, 급수 사용량에 따라 가동 펌프의 개수가 다름
• 설비비 고가

13 출제영역 >> 건축법규 난이도 하 정답 ③

① 노인 복지관은 노인 주거 복지시설이 아니다.
② 장애인 출입분의 전면 유효거리는 1.2m 이상으로 하여야 하며, 점자블록의 크기는 0.3m × 0.3m인 것을 표준형으로 한다.
④ 장애인용 승강기의 승강장 전면 활동공간은 1.4m × 1.4m 이상 확보하여야 한다.

14 출제영역 >> 건축법규 난이도 중 정답 ④

④ 환기구를 안전펜스 또는 조경 등을 이용하여 보행자 및 건축물 이용자의 접근을 차단하는 구조로 하는 경우에는 환기구의 설치 높이 기준을 완화해 적용할 수 있다.

15 출제영역 >> 한국건축사 난이도 상 정답 ①

① 범어사 대웅전은 다포식 건축물이다.
[주심포계 양식]
• 고려 초기에 시작, 조선시대 초기 사용
• 공포를 기둥 위에만!, 맞배지붕이 일반적
• 강한 배흘림 기둥, 소규모 건축물
• 고려시대 주심포식 : 봉정사 극락전(현존하는 가장 오래된 목조건축), 부석사 무량수전, 수덕사 대웅전, 강릉 객사문
[다포계 양식]
• 창방위에 평방! 그 위에 공포
• 기둥 사이에 공포를 배치
• 고려 말 부터 주요 건물에 사용됨

16 출제영역 >> 건축환경 난이도 중 정답 ②

① 중력환기의 경우 개구부 면적이 클수록 환기량이 많아진다.
③ 유입구 유출구 높이차가 클수록 온도차 커지므로 환기량 많아진다
④ 풍상측은 정압이 풍하측은 부압이 걸린다.

17 출제영역 >> 건축법규 난이도 중 정답 ②

② 바닥면으로부터 높이 1.8m 이내마다 휴식을 할 수 있도록 수평면으로 된 참을 설치할 수 있다.

18 출제영역 >> 서양건축사 난이도 중 정답 ④

④ 바로크 건축은 베르니니, 마데르나 등의 건축가들에 의해 전개되었고, 로코코 건축은 개인의 프라이버시를 위주로 한 양식으로 실내 공간을 장식적이고 화려하게 구성하였다.
[바로크 건축의 특징]
• 장식과잉의 경향을 보임
• 곡선의 입면, 타원형의 평면. 비정형적이고 동적인 공간구성
• 역동적이고 거대한 규모의 공간에 주로 전개되었으며, 실내를 곡선과 곡면을 이용하여 우아하고 화려하게 장식
• 고전적 비례를 무시하고 극적효과를 추구. 비대칭, 대비, 과장

19 **출제영역** >> 건축계획각론 – 공동주택   난이도 중   **정답** ④

④ 근린주구는 커뮤니티(community) 도시계획의 최소단위로 중심에 초등학교 등이 설치된다.

[페리의 근린주구]
• 최초로 근린(Neighborhood)의 정의를 설정함
• 일조와 인동간격의 이론적 고찰을 통해 근린주구 개념 정립
• 초등학교를 중심에 배치하고 지역의 반지름은 약400m로 설정
• 중심시설에는 교회, 커뮤니티센터, 학교

20 **출제영역** >> 건축계획각론 – 공동주택   난이도 중   **정답** ③

③ 부엌은 음식이 상하기 쉬우므로 서향을 피해야한다.

01 　출제영역 >> 건축계획각론 – 공동주택　　　난이도 하　정답 ④

④ 모든 유형의 테라스 하우스가 가구마다 지하실을 설치할 수 없다. 그러나 가구마다 정원을 확보할 수는 있다.

[테라스 하우스]
• 상향식 테라스 하우스 : 낮은 곳에 차고, 높은 곳에 정원
• 하향식 테라스 하우스 : 상층에 주 생활 공간, 하층에 휴식 및 수면공간
• 각 세대의 깊이는 6~7.5m 정도가 적당함

02 　출제영역 >> 건축계획각론 – 병원건축　　　난이도 중　정답 ②

② 수술실은 26.6℃ 이상의 고온, 55% 이상의 높은 습도를 유지하고, 1종 또는 2종 환기 방식을 사용해야 한다.

[수술실 계획]
• 외래와 병동의 사이의 중앙진료부와 가까운 부분에 위치(쌍방 모두 이용)
• 타 부분과 통과교통이 되지 않도록 익단부로 격리(쿨데삭 부분)
• 관리가 편리하도록, 대, 중, 소 여러개의 수술실을 관계 부속 설비와 같이 집중배치
• 병동 및 응급부에서 환자 수송이 용이한 곳

03 　출제영역 >> 건축계획각론 – 도서관　　　난이도 중　정답 ②

① 아동열람실은 개가식으로 계획하며, 1층에 배치하는 것이 바람직하다.
③ 캐럴은 개인 전용 연구를 위한 독립적인 개실이다. 서고의 층고는 열람실의 층고와 달리 별도로 계획할 수 있다.
④ 서고는 하중을 고려하여야 하기 때문에 수직 층축의 우선 고려는 바람직하지 않으며, 신축 시 대지 선정과 배치단계에서부터 장래의 성장에 따른 증축 가능 공간을 확보할 필요가 있다. 서고의 적정온도는 온도 15℃, 습도 63% 이하가 되도록 계획한다.

[도서관의 서고계획]
• 서고 면적 : 1m²당 150~250권(평균200권), 밀집 서가의 경우 : 280~350권
• 서고 공간 : 1m³당 약66권
• 책 선반 1단 길이 : 1m당20~30권(평균25권)

04 　출제영역 >> 건축설비　　　난이도 중　정답 ③

③ 온수난방은 증기난방에 비해 쾌감도가 높다. 증기난방은 부하변동에 따른 방열량 조절이 어렵다.

[온수난방]
• 현열을 이용한 난방/쾌감도 높음
• 예열시간이 길다/동결우려/연속난방
• 증기난방에 비해 설비비 고가

[증기난방]
• 증발잠열을 이용하므로 열 운반 능력이 크다고 할 수 있음
• 예열시간이 짧고, 순환이 빠르다
• 쾌적감이 나쁨

05 　출제영역 >> 건축계획각론　　　난이도 중　정답 ④

④ 객실 내의 통로 폭은 모듈계획에 영향을 미치는 요소가 아님

[호텔의 객실 모듈계획]
• (반침 폭 + 욕실의 폭 + 입구 통로 폭) × 2

06 　출제영역 >> 건축법규　　　난이도 상　정답 ②

① 대지와 인접한 소요폭 미달도로를 확폭하여 생겨난 건축선과 확폭 전의 건축선 사이의 면적은 도로로 산입되고, 대지면적에서 제척된다.
③ 도로 모퉁이의 가각전제된 부분의 대지는 대지면적과 건폐율 및 용적률 산정에서 제외된다.
④ 소요폭 미달 도로의 반대편에 경사지, 하천, 철로, 선로부지가 있는 쪽으로의 확폭은 불가하다.

07 　출제영역 >> 건축법규　　　난이도 중　정답 ③

① 공개공지는 필로티의 구조로 할 수 있으며, 울타리를 설치하는 등의 행위를 해서는 안된다.
② 공개공지에서는 일정기간동안 건축조례로 정하는 바에 따라 주민들을 위한 문화행사나 판촉행사를 할 수 있다.
④ 공개공지 등을 설치하는 경우 건축물의 용적률, 건폐율, 높이제한 등을 완화하여 적용할 수 있다.

08 　출제영역 >> 건축환경　　　난이도 중　정답 ④

④ 열용량은 습공기 선도로 알 수 있는 요소가 아님.

[습공기 선도의 구성요소]
• 건구온도, 습구온도, 노점온도, 절대습도, 상대습도, 포화도, 수증기분압, 엔탈피, 비체적, 열수분비, 현열비

09 출제영역 >> 건축계획각론 – 총론 　　난이도 중 　정답 ②

① 개인공간은 개인이 다른 사람으로부터 유지하는 거리를 뜻하며, 명확한 경계를 가지는 것이 아니고 상황에 따라 변화한다. 침해되면 마음속에 저항이 생기고 스트레스를 유발하기도 한다.
③ 친밀한 거리에 대한 설명
④ 과밀은 심리적 요인으로 문화적 차이를 고려해야 한다.

10 출제영역 >> 건축환경 　　난이도 하 　정답 ②

② 광천장 조명은 천장면에 확산 투과성 패널을 붙이고 그 안쪽에 광원을 설치하는 방법이다.
[건축화 조명]
• 건축물의 일부에 광원을 만들어 건축물과 일체화하여 조명하는 방식
• 다운라이트 : 천장에 구멍을 뚫고 그 속에 기구를 매입한 것
• 루버 천장 조명 : 천장면에 루버 설치 후 내부에 광원배치
• 코브라이트 조명 : 광원을 천장 또는 벽면에 가려 벽면 또는 천장면에 반사시켜 반사광을 이용하는 간접 조명 방식
• 라인 라이트 조명 : 천장에 광원을 선형으로 매입하여 배치하는 방법
• 광천장 조명 : 확산투과성 플라스틱판이나 루버로 천장을 마감하여 그 속에 전등을 매입한 방법
[PSALI(프사리) 조명]
• 자연채광이 불충분할 때 건축물의 조도를 보충하기 위해 설치하는 실내의 상시 보조 인공조명을 말함

11 출제영역 >> 건축설비 　　난이도 하 　정답 ④

④ 수도직결 방식은 저수량이 적어 소규모 건축물에 사용된다. 압력탱크식은 체육관, 경기장과 같이 사용빈도가 낮고 물탱크의 설치가 어려운 건축물에 사용된다.
[수도직결 방식]
• 수도 본관의 압력을 그대로 이용하여 건축물 내의 필요 부분에 급수
• 2~3층 이하의 소규모 건물에 적절

12 출제영역 >> 한국건축사 　　난이도 중 　정답 ③

① 경복궁은 전조 후침의 구성으로, 정전인 근정전, 편전인 사정전이 있고, 내전으로는 강녕전과 교태전이 있다.
② 창덕궁은 경사지형을 사용해 비대칭적으로 건물을 배치하였으며, 정전은 인정전이고, 후원으로는 비원이 있다.
④ 서울시에 있는 숭례문(남대문)은 다포식 건축물이며 지붕은 우진각 지붕으로 되어 있다.

13 출제영역 >> 서양건축사 　　난이도 하 　정답 ①

① 로마의 신전 건축물인 판테온의 정면에는 페디먼트를 사용한 포치가 있으며, 포치의 기둥은 코린티안 양식으로 구성되어 있다.

14 출제영역 >> 건축계획각론 – 학교 　　난이도 중 　정답 ①

② 분산병렬형 교사배치는 핑거플랜 배치의 한 형태로 구조계획이 간단하고, 규격형의 이용에 편리하다.
③ 초등학교의 복도폭은 양옆에 거실이 있는 복도일 경우 2.4m 이상으로 계획한다.
④ 강당과 체육관의 기능을 겸용할 경우 체육관 위주로 계획하는 것이 바람직하다.

15 출제영역 >> 건축계획각론 – 은행 　　난이도 상 　정답 ③

① 큰 건축물의 경우에도 고객 출입구는 되도록 1개소로 하고, 안여닫이로 한다.
② 고객이 지나는 동선은 가급적 짧게한다.
④ 직원 및 내방객의 출입구는 따로 설치하여야 하며, 영업시간 종료 후에는 직원 출입구만 개방한다.

16 출제영역 >> 건축계획각론 – 상업건축 　　난이도 중 　정답 ②

② 상점건축에서 진열장의 반사 방지를 위해 내부 조도를 높여야 한다.
[상점 진열장의 반사방지]
• 진열장 내부 조도를 높인다.
• 차양을 설치하여 진열장 외부에 그늘을 만든다.
• 진열장의 유리를 경사지게 한다.

17 출제영역 >> 건축법규 　　난이도 중 　정답 ①

① 근대 건축사조 중 하나인 바우하우스는 국립 교육기관을 설립하여 근대건축 확산에 이바지하였다.

18 출제영역 >> 건축계획각론 – 총론 　　난이도 중 　정답 ②

① 대지에 접한 도로의 길이 및 너비는 건축계획서가 아닌 배치도에 표기해야 하는 사항이다.
③ 배치도에는 축척, 방위, 대지의 종·횡 단면도, 건축선, 주차동선, 주차계획 등이 필요하다
④ 배치도에 표기되는 대지경계선은 보통 2점쇄선으로 표기한다.

19 출제영역 >> 건축환경 　　난이도 하 　정답 ③

③ 내부 결로 방지를 위해서는 외단열 공법이 효과가 크며, 이는 단열층을 벽의 실외측 가까이 설치하는 것이다.
[내단열과 외단열]
• 내단열 : 열용량이 작기 때문에 짧은 시간에 온도를 올릴 수 있음
• 외단열 : 연속난방에 유리하며 실온 변동이 적음

20 출제영역 >> 건축법규 　　난이도 하 　정답 ④

④ 장애인 등의 통행이 가능한 접근로의 유효폭은 1.2m이다.

제
05
회

Answer

01	③	02	①	03	①	04	④	05	③
06	③	07	②	08	④	09	④	10	①
11	③	12	①	13	①	14	①	15	①
16	④	17	④	18	①	19	②	20	④

---

01 **출제영역** >> 건축계획각론 – 사무소　　난이도 하　**정답** ③

① 자유로운 배치형식이지만 고정석이 없는 것은 아니다.
② 사무 집단의 그루핑이 자유로우며 배치 형태가 불규칙하게 나타나고, 프라이버시가 결여된다.
④ 유연한 직무환경을 조성하는 데에도 기여하지만, 수직적 명령체계가 강조되는 직무 시스템에는 비효율적이다.

[오피스 랜드스케이핑]
• 직위보다 의사전달과 작업흐름의 실제적 패턴에 기초하여 배치
• 고정 칸막이가 없고 가구 및 패널을 이용하여 공간 구획
• 기존 시설 대비 유효율 15% 정도 공간 절약 가능
• 변화하는 작업형태에 따른 조절이 가능하며 신속하고 경제적으로 대처 가능
• 감독과 통제가 용이함
• 인간관계 향상 및 작업능률에 도움
• 작업공간 변화에 경제적으로 대처 가능, 시설 유지비 절약
• 시각적 문제/소음/프라이버시 결여

---

02 **출제영역** >> 건축계획각론 – 도서관　　난이도 중　**정답** ①

도서관 서고의 장서는 약 200권/m²
400,000권/200(권/m²) = 2,000m²

[도서관의 서고계획]
• 서고 면적: 1m²당 150~250권(평균200권), 밀집 서가의 경우: 280~350권
• 서고 공간: 1m³당 약66권
• 책 선반1단 길이: 1m당 20~30권(평균25권)

---

03 **출제영역** >> 건축계획각론 – 총론　　난이도 하　**정답** ①

② 동작공간이란 (인체치수 또는 동작치수) + 자재(물건)치수 + 여유치수를 말한다.
③ 모듈이란 고대 그리스 열주(order)의 지름을 1M로 규정했을 때, 높이, 간격, 실폭 등을 비례적으로 지칭하는 기본단위를 말한다.
④ 모듈 기준은 수직모듈은 2M, 수평모듈은 3M를 기준으로 그 배수를 사용하며, 모듈러 코디네이션은 부재의 생산과 시공의 편의성을 우선으로 한다.

---

04 **출제영역** >> 건축계획각론 – 백화점　　난이도 하　**정답** ④

③ 엘리베이터는 대형 백화점은 중앙에, 중·소형 백화점은 출입구의 반대측에 설치한다.

---

05 **출제영역** >> 건축설비　　난이도 중　**정답** ③

③ 아트리움 등 오픈부가 있는 경우 층간방화가 어려우므로 방화 셔터 등으로 층간 방화구획으로 구획하여야 한다.

---

06 **출제영역** >> 건축법규　　난이도 상　**정답** ③

① 연면적 150m²인 건축물, 기둥과 기둥 사이의 거리가 6m인 건축물은 구조안전 확인서 제출 대상이 아니다.
② 옥내소화전 설비는 연면적 3000m² 이상이거나 지하층, 무창층 또는 4층 이상의 층으로 바닥면적 600m² 이상인 층이 있는 전 층에 설치한다.
④ 장애인 주차구획은 3.3m 이상 × 5m 이상이고, 경형 자동차의 경우 평행주차 형식이라면 1.7m 이상 × 4.5m 이상이다.

[구조안전 확인서 제출대상]
• 층수가 2층(주요구조부인 기둥과 보를 설치하는 건축물로서 그 기둥과 보가 목재인 목구조 건축물의 경우에는 3층)이상인 건축물
• 연면적이 200m²(목구조 건축물의 경우에는 500m²) 이상인 건축물 예외) 창고, 축사, 작물 재배사
• 높이가 13m 이상인 건축물
• 처마 높이가 9m 이상인 건축물
• 기둥과 기둥 사이의 거리가 10m 이상인 건축물

[특수구조 건축물]
• 한쪽 끝은 고정되고 다른 끝은 지지되지 아니한 구조로 된 보, 차양 등이 외벽의 중심선으로부터 3m 이상 돌출된 건축물
• 기둥과 기둥 사이의 거리(기둥 중심선 사이의 거리, 내력벽과 내력벽 중심선 사이의 거리)가 20m 이상인 건축물

---

07 **출제영역** >> 건축계획각론 – 미술관　　난이도 상　**정답** ②

① 정측광창 형식은 미술관에 적합한 형식으로 관람자가 서 있는 위치 상부 천창을 불투명하게 하고 측벽에 가깝게 채광창을 설치하는 형식이다.
③ 소규모 미술관에서 관람 및 관리의 편리를 위하여 전시실의 순회형식은 연속순로 형식을 취한다.
④ 알코브 진열장 전시는 소규모의 입체적 전시에 적합하다. 전시실의 시각적 집중성이 낮고, 벽면의 연속성을 구현할 수 없다.

08 출제영역 >> 서양건축사 　　　난이도 중　정답 ④

④ 미스 반 데 어 로에는 유리와 철골을 주로 사용한 미니멀한 건축을 추구하였으며, 시그램 빌딩, IIT 크라운홀, 바이센호프 주택단지, 투겐하트 주택 등이 대표작이다. 제국호텔은 프랑크 로이드 라이트의 작품이다.
- 미스 반 데 어 로에 : 시그램 빌딩, 투겐하트 주택, 크라운 홀, 바이센호프 주택단지, 바르셀로나 파빌리온
- 프랭크 로이드 라이트 : 낙수장, 로비 하우스, 제국호텔, 탈리에신 주택

09 출제영역 >> 한국건축사 　　　난이도 중　정답 ④

④ 한국 건축은 자연지세에 따라 부속 건축을 배치하였고 내적 개방성과 외적 폐쇄성을 갖는 것이 특징이다.

10 출제영역 >> 건축계획각론 – 공연장 　　　난이도 하　정답 ①

① 아레나 형은 가까운 거리에서 가장 많은 관객을 수용할 수 있고 연기자와의 접촉면도 넓다.
[아레나 형]
- 관객이 연기자를 360도 둘러싸고 관람하는 형식
- 가까운 거리에서 가장 많은 관객 수용 가능
- 무대와 배경을 만들지 않으므로 경제성 있음

[프로시니엄 형]
- 강연, 콘서트, 독주, 연극에 적합
- 연기자가 일정한 방향으로만 관객을 대함
- 하나의 구성화 같은 느낌
- 전체적인 통일감을 얻는데 좋음

11 출제영역 >> 건축환경 　　　난이도 중　정답 ③

③ 단열재가 노점 온도 이하로 장기간 머무르게 되면 습기를 함유하게 될 수 있으며, 이때의 열 관류 저항은 작아지며 열 관류율은 상승한다.

12 출제영역 >> 건축환경 　　　난이도 중　정답 ①

[먼셀 표색계의 색상 표기]
- 7R 5/4 – 색상 명도/채도

13 출제영역 >> 건축법규 　　　난이도중　정답 ①

① 경사진 접근로가 연속될 경우 휠체어 사용자의 휴식을 위하여 30m마다 1.5m × 1.5m 이상의 수평면으로 된 참을 설치할 수 있으며, 접근로의 기울기는 1/18 이하로 하여야 한다.

14 출제영역 >> 건축설비 　　　난이도 중　정답 ①

② 자연형 태양열 시스템 중 축열벽 방식은 거주 공간 내 온도 변화를 줄일 수 있으나 조망에 불리하다.
③ U트랩은 가옥 트랩이라고도 하고, 수평배수관 도중 설치하면 유속을 저하시키는 결점이 있다.
④ 유도 사이펀 작용의 방지 대책은 수직관 상부에 통기관을 설치하는 것이다.

15 출제영역 >> 건축계획각론 – 문화시설 　　　난이도 중　정답 ①

② 동선계획은 관람객을 피로하지 않도록 하는 것이 우선이다.
③ 관객의 흐름을 의도하는 대로 유도하여 혼란스럽지 않도록 레이아웃을 조성하여야 한다.
④ 자연환경과 접하는 부분을 계획에 반영하였다면, 해당 부분을 관람객 휴식을 위한 공간으로 조성하여 일반적 전시실과는 색다른 분위기를 조성할 수 있다.

16 출제영역 >> 건축환경 　　　난이도 상　정답 ④

④ 천장이 낮고 큰 평면을 가진 대규모의 실에서는 흡음재를 천장에 사용하는 것이 효과적이다.
[강당의 음향계획]
- 천장이 낮고 큰 평면을 가진 대규모 실에서는 흡음재를 천장에 서용하는 것이 효과적
- 적절한 음향전달을 위해서는 무대 측면에 반사재를 사용함.
- 후면의 객석 하부 등에는 흡음재를 계획하여 반향을 가능한 제거함.
- 평면이 길고 좁거나 천장고가 높은 소규모 실에서는 흡음재를 벽체에 사용함.

17 출제영역 >> 서양건축사 　　　난이도 하　정답 ④

④ 빅토르 호르타 – 타셀 주택
- 안토니 가우디 : 사그라다 파밀리아(성 가족 성당), 카사 밀라, 카사 바트요, 구엘공원,

18 출제영역 >> 건축법규 　　　난이도 중　정답 ①

② 판매시설, 문화 집회시설, 종합병원, 종교시설, 관광·숙박시설, 운수시설은 다중이용시설에 해당한다. 동물원 및 식물원은 해당하지 않는다.
③ 개별관람실 바닥면적이 1,000m²인 공연장 계획시 개별관람실 출구의 유효너비 합계는 6m이다. ((1,000m²/100m²) × 0.6m = 6m)
④ 이륜차의 주차구획은 1.0m × 2.3m이다.
[개별 관람실]
- 출구 유효너비 1.5m
- 관람실별 2개소 이상
- 개별 관람실 출구 유효너비 합계 : 100m²마다 0.6미터의 비율로 산정한 너비 이상

19 출제영역 >> 건축설비   난이도 중   정답 ②

② 주철제 보일러는 섹션(section)으로 분할되고, 반입 및 반출이 유리하다.

20 출제영역 >> 건축계획각론 – 체육시설   난이도 상   정답 ④

① 육상경기장 코스의 레인폭은 최소 1.22m 이상이다.
② 실내 체육관의 장축은 동서방향으로 하여 정남향으로 건축한다.
③ 레인의 포장재료와 상관없이 육상경기장은 배수설비를 하여야 한다.

Answer

01	③	02	④	03	③	04	③	05	②
06	④	07	④	08	①	09	①	10	②
11	②	12	④	13	②	14	②	15	①
16	③	17	②	18	③	19	②	20	③

01 | 출제영역 >> 건축계획각론 – 사무소 | 난이도 하 | 정답 ③

③ 건폐율 및 용적률 증대는 코어의 역할과는 거리가 멀다.
[코어의 역할]
• **평면적 역할** : 공용면적을 한 곳에 집약하여 유효면적 증가
• **구조적 역할** : 주내력 구조체로 외곽이 내진벽 역할
• **설비적 역할** : 설비시설 집약. 각층에서의 계통거리가 최단이 됨

02 | 출제영역 >> 건축계획각론 – 공동주택 | 난이도 중 | 정답 ④

① 복층형은 수직 방향 인접세대에 접하는 슬래브 면적이 줄어들기 때문에 층간소음이 감소한다. 그러나 소규모 주택에서는 비경제적이다.
② 계단실형은 공용면적이 작고 엘리베이터 효율이 낮다.
③ 고층, 고밀형 공동주택에 적합한 것은 편복도 형이다.

03 | 출제영역 >> 건축계획각론 – 공연장 | 난이도 중 | 정답 ③

① 무대의 폭은 프로시니엄 아치 폭의 2배, 깊이는 프로시니엄 아치 폭 정도 이상의 크기가 필요하다.
② 발코니 계획은 음향계획상 될 수 있으면 피는 것이 좋다. 발코니 밑에서 음압이 불균일해지면서, 데드포인트가 생길 우려가 있기 때문임.
④ 플라이 갤러리(fly gallery)는 그리드 아이언에 올라가는 계단과 연결되며, 무대 주위의 벽에 6~9m 높이로 설치되는 좁은 통로이다.

04 | 출제영역 >> 건축설비 | 난이도 중 | 정답 ③

③ 피뢰설비의 재료는 최소 단면적이 피복이 없는 동선을 기준으로 수뢰부, 인하도선 및 접지극은 $50mm^2$ 이상이거나 이와 동등 이상의 성능을 갖추어야 한다.
[피뢰설비]
• 설치규정 : 건축물 높이 20m 이상 및 낙뢰우려 있는 건축물
• 일반 건축물 피뢰침의 보호각 : 60도 이하
• 위험 건축물의 피뢰침 보호각 : 45도 이하
• 돌침 : 건축물 맨 윗부분으로부터 25cm 이상 돌출시켜 설치

05 | 출제영역 >> 건축계획각론 – 공동주택 | 난이도 중 | 정답 ②

① 공동주택의 바닥 충격음을 저감하기 위한 방법 중 카펫, 발포비닐계 바닥재 등 유연한 바닥 마감재를 사용함으로써 충격시간을 길게 하여 피크 충격력을 작게 하는 방법은 표면 완충 공법이다.
③ 책임소재가 불분명하다

④ 공동주택의 엘리베이터 1대가 감당하는 범위는 50~100호가 적절하다.
[바닥충격음 저감공법]
• **뜬바닥공법** : 질량이 있는 구조체를 탄성재로 지지하여 구성된 공진계의 특성을 이용하여 진동전달을 줄이는 방진의 기본적인 방법이다.
• **표면완충공법** : 충격원의 특성을 변화시키는 방법으로 카펫, 발포비닐계 바닥재 등 유연한 바닥 마감재를 사용함으로써 충격시간을 길게 하여 피크충격력을 작게 하는 방법이다.

06 | 출제영역 >> 한국건축사 | 난이도 하 | 정답 ④

④ 봉정사 고금당은 주심포식 건축물이다.
[주심포식]
• 봉정사 극락전, 부석사 무량수전, 수덕사 대웅전, 부석사 조사당, 관룡사 약사전, 봉정사 고금당, 강릉 객사문, 전주 풍남문, 무위사 극락전
[다포식]
• 개심사 대웅전, 동대문, 남대문, 경복궁 근정전, 범어사 대웅전, 석왕사 응진전, 심원사 보광전, 화엄사 각황전, 위봉사 보광명전

07 | 출제영역 >> 건축설비 | 난이도 하 | 정답 ④

① 실내면의 온도분포가 균일하고, 바닥면의 이용도가 높다.
② 별도의 방열기가 불필요하여, 바닥면의 이용도가 높지만, 예열시간이 길다.
③ 열용량이 크고, 외기 변화에 유연하게 대처가 어렵다.

08 | 출제영역 >> 건축계획각론 – 총론 | 난이도 중 | 정답 ①

① 거주 후 평가에 대한 설명임.
• 거주 후 평가의 4요소 : 환경, 사용자, 주변환경, 디자인 실무

09 | 출제영역 >> 건축계획각론 – 공동주택 | 난이도 상 | 정답 ①

② 근린주구는 세대수 1,600~2,000호 정도를 유지하며 초등학교와 상가, 커뮤니티 센터, 교회 등 공동 서비스시설을 공유하는 규모이고, 도시계획의 최소단위로 볼 수 있다. 근린지구는 도시계획의 최소단위로 볼 수 없다.
③ 근린분구는 주민 간 면식이 가능한 최소단위의 생활권이고, 근린분구의 인구규모는 2,000~2,500명이며, 중심 시설은 유치원, 파출소 등이다.
④ 인보구는 100~200명을 기준으로 하는 가장 작은 생활권 단위로 놀이터가 중심이 된다.
• 근린주구의 세대수 : 1,600~2,000호
• 근린지구의 세대수 : 20,000호

10 | 출제영역 >> 건축환경 | 난이도 하 | 정답 ②

① 주차장은 전반환기로 하고 3종 환기를 실시한다.
③ 열손실은 최상층 슬래브에서 가장 많이 일어나므로 최상층 슬라브의 단열을 가장 두껍게 한다.
④ 자동차 도장공장은 3종 환기가 적합하다.

11 　출제영역 >> 서양건축사　　　　　　　난이도 상　정답 ②

② 코니스는 르네상스 양식의 수평성을 강조하기 위한 의장이다.

12 　출제영역 >> 건축계획각론 – 학교건축　　　난이도 중　정답 ②

① 클러스터형 – 교사동 사이에 놀이공간 구성은 유리하다
③ 분산병렬형 – 구조계획이 간단하나, 규격형의 이용이 용이하다.
④ 폐쇄형 – 화재 및 비상시 불리하다.

13 　출제영역 >> 건축법규　　　　　　　　　난이도 하　정답 ②

② 장애인 전용 주차구획의 크기는 3.3m 이상 × 5m 이상이다.

14 　출제영역 >> 건축법규　　　　　　　　　난이도 중　정답 ②

① 일반주거지역 및 전용주거지역에서 일조 등의 확보를 위한 건축물의 높이제한으로 정북방향 인접대지 경계선으로부터의 이격거리는 10m 이하인 경우 1.5m 이상, 10m 초과인 경우 해당 건축물 각 부분 높이의 1/2 이상으로 한다.
③ 건축물의 층수 산정 시 지하층은 건축물의 층수에 산입하지 아니하며, 건축물의 높이산정에서 옥상에 설치하는 계단탑, 승강기탑, 옥탑 등으로서 그 수평투영 면적의 합계가 해당 건축물의 건축면적의 1/8 이하인 경우는 그 높이가 12m를 넘는 부분에 한하여 높이에 산입한다.
④ 공동주택에서 채광을 위한 창문 등이 있는 벽면으로부터 직각 방향으로 건축물 각 부분 높이의 0.5배(도시형 생활주택의 경우 0.25배) 이상의 범위에서 건축조례로 정하는 거리 이상으로 한다.

15 　출제영역 >> 건축법규　　　　　　　　　난이도 상　정답 ①

① 내화구조란 화재에 견딜 수 있는 성능을 가진 구조이고, 방화구조는 화염의 확산을 막을 수 있는 성능을 가진 구조이다.

16 　출제영역 >> 건축환경　　　　　　　　　난이도 상　정답 ③

• 이용률 : 25시간(영어교실 사용시간) / 50시간 (1주간의 평균 수업시간) × 100 = 50%
• 순수율 : 20시간(영어수업에만 사용되는 시간)/25(영어교실 사용시간) × 100 = 80%

17 　출제영역 >> 서양건축사　　　　　　　　난이도 하　정답 ②

② 구로카와 기쇼 – 도쿄 국립 신미술관
• 렌조 피아노 : 퐁피두 센터, 휘트니 미술관(뉴욕)
• 프랭크 로이드 라이트 : 탈리에신 주택, 낙수장, 도쿄 제국호텔, 로비하우스
• 르 코르뷔제 : 롱샹교회, 사보이 주택, 라투레트 수도원, 유니테 다비타시옹

18 　출제영역 >> 건축계획각론 – 호텔　　　　난이도 중　정답 ③

[호텔의 면적 구성비]
• 숙박 면적비 : 커머셜>리조트>아파트먼트
• 공용면적비 : 아파트먼트>리조트>커머셜
• 1객실 면적비 : 아파트먼트>리조트>커머셜

19 　출제영역 >> 건축설비　　　　　　　　　난이도 중　정답 ②

② 건축물까지 도달하는 가스배관은 지중 매설 시 그 깊이를 60cm 이상으로 하고, 건축물로 인입되는 가스배관은 옥외로 노출하여 시공하는 것이 원칙이다.

20 　출제영역 >> 건축계획각론 – 단독주택　　난이도 중　정답 ③

[주택설계의 목표]
• 가사노동의 경감
• 생활의 쾌적함 증대
• 좌식과 입식의 적절한 혼용
• 개성적 프라이버시 확보

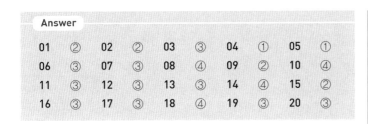

01 출제영역 >> 건축계획각론 – 도서관 난이도 중 정답 ②

② 도서관의 서고가 65%~70%차면 증축을 고려하여야 한다.

02 출제영역 >> 건축계획각론 – 단독주택 난이도 하 정답 ②

① 거실은 전체 주택공간의 중심적 위치에 있어야 하며 식당, 계단, 현관 등과 같은 다른 공간과의 연계를 최대한 고려하여야 한다.
③ 동선은 결합과 교차가 일어나지 않도록 한다.
④ 주택 부지는 동서로 길어야 일조에 대한 혜택이 많다.

03 출제영역 >> 건축설비 난이도 중 정답 ③

① 슬루스 밸브는 마찰저항이 작고, 게이트 밸브라고도 한다.
② 글로브 밸브는 유량조절 기능이 있으며 마찰저항이 크다.
④ 볼밸브는 열고 닫는 기능이 뛰어나며 핸들을 90회전 하여 개폐가 가능하다. 유체가 흐르는 관의 내경과 동일하게 열릴 수 있음(풀포트). – 압력 손실이 적음

04 출제영역 >> 건축계획각론 – 학교 난이도 하 정답 ①

[달톤형]
• 학급이나 학년의 구분 없이 학생들이 자신의 능력에 따라 교과를 선택
• 학생들의 자율성과 자기주도 학습 능력을 향상시킬 수 있음.
• 다양한 크기의 교실을 여러개 설치.

[플래툰형]
• 각 학급을 2분단으로 나누어 한쪽이 일반교실을 사용할 때, 다른 한쪽은 특별교실 사용

05 출제영역 >> 건축계획각론 – 사무소 난이도 중 정답 ①

• 사무소 건축의 엘리베이터 대수 산정 : 단시간에 이용자로 혼잡하게 되는 아침 출근시간대의 5분간 이용자수 기준

06 출제영역 >> 건축법규 난이도 중 정답 ③

• 사용승인 시 제출도서 : 감리완료보고서, 공사완료도서
• 사용승인 검사 : 건축물이 설계 도서대로 시공되었는지의 여부 확인

07 출제영역 >> 건축설비 난이도 중 정답 ③

③ 펌프직송방식은 자동제어시스템 고장 시 수리가 어렵고 펌프의 단락이 잦아 유지관리가 어렵다.

08 출제영역 >> 건축계획각론 – 사무소 난이도 하 정답 ④

① 규모가 큰 사무소 건축의 외부존(zone)에는 수 – 공기 방식이 많이 사용된다.
② 오피스 랜드스케이핑은 불규칙적인 평면을 유도한다.
③ 개실형은 불황 시 임대에 유리하다.

09 출제영역 >> 건축계획각론 – 공장 난이도 하 정답 ②

① 샤렌지붕은 기둥이 적게 소요된다.
③ 솟을지붕은 채광과 환기에는 유리한 형태이다.
④ 뾰족지붕은 직사광선을 허용하는 결점이 있다.

10 출제영역 >> 건축환경 난이도 하 정답 ④

④ 낙엽성 초목은 여름철 차양형성에 유용하지만 잎이 떨어진 후에는 겨울철의 일사 확보를 감소시킬 수 있기 때문에 주로 남향에 식재하는 것이 유리하다.
• 북향에 조경식재를 해야할 경우에는 채광을 확보하기에 유리한 침엽수가 적당하다.

11 출제영역 >> 건축환경 난이도 중 정답 ③

① 실온변동이 적은 것은 외단열 방식이다.
② 외단열은 내단열보다 결로에 있어서 유리하다.
④ 결로는 구조체 내부의 철근에 녹을 유발하여 부풀게 한다. 녹으로 인해 콘크리트가 탈락하는 등 구조체에 영향을 미친다.

12 출제영역 >> 건축계획각론 – 총론 난이도 중 정답 ③

[유니버설 디자인 7원칙]
• 공평한 사용
• 사용상의 융통성
• 간단하고 직관적인 사용
• 정보이용의 용이
• 오류에 대한 포용력
• 적은 물리적 노력
• 접근과 사용을 위한 충분한 공간

13 출제영역 >> 건축계획각론 – 사무소 난이도 중 정답 ③

③ 정격속도는 30m/min 이하로 한다.

14 출제영역 >> 건축설비   난이도 중   정답 ④

① 간접가열식은 저탕조에 열교환기(코일)를 설치하여 온수를 공급한다.
② 직접가열식은 난방을 위한 보일러를 별도 설치하여야 한다.
③ 배관의 스케일에 대한 관리가 필요한 것은 직접가열식이다.

15 출제영역 >> 건축환경   난이도 상   정답 ②

- $E = \dfrac{I}{d^2}$ (d: 거리, I: 조도)

- 조도는 거리의 제곱에 반비례하며, 거리가 1m에서 2m로 2배 증가. 원래 조도는 1/4배이므로 100lux

16 출제영역 >> 건축환경   난이도 하   정답 ③

- 대부분의 오염물질 농도는 이산화탄소의 농도에 비례하여 증감하기 때문에 실내 환기량은 이산화탄소 농도를 기준으로 정함.

17 출제영역 >> 건축법규   난이도 상   정답 ③

[주거복합 건축물의 용도일조권(채광)]
- 공동주택을 다른 용도와 복합하여 건축하는 경우에는 공동주택의 가장 낮은 부분을 그 건축물의 지표면으로 산정

18 출제영역 >> 건축계획각론 – 병원   난이도 중   정답 ④

④ 고층 밀집형 병원은 확장 등 성장 변화에 대한 대응이 불리하다.
[고층 밀집형의 특징]
- 외래부, 부속진료시설, 병동을 합쳐서 한 건물로 구성
- 병동은 고층으로 하여 환자를 엘리베이터로 운송
- 일조, 통풍 등의 조건이 불리해지며 각 병실의 환경이 균일하지 못함
- 현대 도심의 큰 병원이 주로 채택하는 방식

19 출제영역 >> 한국건축사   난이도 중   정답 ③

① 기둥 위 주두에만 공포를 배치하여 하중을 기둥으로 직접 전달하는 형식은 주심포 형식으로 기둥의 배흘림 정도가 비교적 강하다는 것이 특징이다. 주요 건축물로는 강릉 객사문, 봉정사 극락전 등이 있으며, 심원사 보광전은 다포식 건축물이다.
② 연등천장은 은 천장을 만들지 않고, 서까래가 노출되도록 한 것으로 주심포 양식에서 많이 사용되었다.
④ 우미량이 있는 부석사 조사당, 관룡사 약사전, 봉정사 고금당은 주심포 양식의 건축물이다. 석왕사 응진전은 다포식 건축물이다.

20 출제영역 >> 서양건축사   난이도 하   정답 ③

[근대건축 5원칙]
- 필로티, 수평 띠창, 옥상정원, 자유로운 평면, 자유로운 입면

건축구조

1회
01. ④	02. ③	03. ②	04. ②	05. ③
06. ③	07. ③	08. ②	09. ②	10. ④
11. ①	12. ③	13. ④	14. ②	15. ④
16. ②	17. ②	18. ①	19. ②	20. ④

2회
01. ④	02. ①	03. ④	04. ②	05. ④
06. ①	07. ③	08. ③	09. ④	10. ①
11. ④	12. ②	13. ④	14. ②	15. ④
16. ②	17. ④	18. ①	19. ③	20. ②

3회
01. ①	02. ②	03. ②	04. ④	05. ①
06. ④	07. ②	08. ④	09. ②	10. ③
11. ③	12. ②	13. ③	14. ①	15. ④
16. ③	17. ③	18. ①	19. ②	20. ②

4회
01. ③	02. ③	03. ②	04. ③	05. ③
06. ②	07. ③	08. ①	09. ②	10. ④
11. ②	12. ④	13. ①	14. ③	15. ③
16. ①	17. ③	18. ④	19. ③	20. ③

5회
01. ②	02. ③	03. ②	04. ②	05. ④
06. ②	07. ②	08. ①	09. ②	10. ④
11. ①	12. ②	13. ①	14. ④	15. ③
16. ③	17. ③	18. ④	19. ④	20. ③

6회
01. ①	02. ②	03. ④	04. ③	05. ③
06. ①	07. ②	08. ③	09. ②	10. ③
11. ④	12. ③	13. ④	14. ②	15. ①
16. ②	17. ④	18. ③	19. ①	20. ④

7회
01. ④	02. ④	03. ③	04. ①	05. ②
06. ③	07. ③	08. ②	09. ②	10. ②
11. ②	12. ④	13. ②	14. ①	15. ②
16. ②	17. ①	18. ③	19. ③	20. ④

8회
01. ①	02. ②	03. ②	04. ②	05. ④
06. ③	07. ④	08. ④	09. ②	10. ④
11. ①	12. ③	13. ③	14. ④	15. ①
16. ②	17. ①	18. 빠른 정답 찾기	19 ④	20. ②

건축계획

1회
01. ②	02. ①	03. ①	04. ③	05. ③
06. ④	07. ②	08. ④	09. ④	10. ③
11. ②	12. ②	13. ③	14. ③	15. ①
16. ③	17. ①	18. ④	19. ④	20. ②

2회
01. ②	02. ③	03. ④	04. ④	05. ④
06. ③	07. ②	08. ③	09. ④	10. ①
11. ②	12. ④	13. ②	14. ②	15. ②
16. ④	17. ③	18. ②	19. ③	20. ③

3회
01. ③	02. ④	03. ④	04. ③	05. ①
06. ③	07. ③	08. ②	09. ③	10. ②
11. ③	12. ②	13. ④	14. ②	15. ③
16. ③	17. ①	18. ③	19. ②	20. ①

4회
01. ①	02. ②	03. ①	04. ②	05. ②
06. ④	07. ①	08. ②	09. ②	10. ③
11. ②	12. ③	13. ②	14. ④	15. ①
16. ②	17. ②	18. ②	19. ④	20. ②

5회
01. ④	02. ②	03. ②	04. ③	05. ④
06. ②	07. ③	08. ④	09. ②	10. ②
11. ②	12. ③	13. ①	14. ①	15. ③
16. ②	17. ①	18. ②	19. ③	20. ④

6회
01. ③	02. ①	03. ①	04. ④	05. ③
06. ③	07. ②	08. ④	09. ④	10. ①
11. ③	12. ①	13. ④	14. ①	15. ①
16. ④	17. ④	18. ①	19. ②	20. ④

7회
01. ③	02. ④	03. ③	04. ③	05. ②
06. ④	07. ④	08. ②	09. ①	10. ②
11. ②	12. ②	13. ④	14. ②	15. ①
16. ③	17. ②	18. ③	19. ②	20. ③

8회
01. ②	02. ②	03. ③	04. ①	05. ①
06. ③	07. ③	08. ③	09. ①	10. ①
11. ③	12. ①	13. ②	14. ④	15. ②
16. ③	17. ③	18. ④	19. ③	20. ③

김현 교수

주요 약력
- 現. 박문각 공무원 건축직, 토목직 대표강사
- ㈜바로구조안전기술사사무소 부설 연구소장
- 건축기사 출제위원(건축구조)
- 한국연구재단 연구과제 선정 및 평가위원
- 친환경건축물 인증 심의위원
- 주택성능인증 심사위원
- 국가기술표준원 KS (건축 및 토목 기술 분야) 제정 및 개정 심의 위원
- 환경부 토목환경신기술 심사위원
- 국토부 건설신기술 심사위원
- 대덕연구단지 OO연구원 수석연구원 역임
- 공기업 OO공사 구조설계부서 근무(구조설계, 내진설계 실무 및 안전진단 업무)
- 충남대 공대 건축학과 강사 · 겸임교수(구조역학, 철근콘크리트구조, 철골구조 강의)
- The University of Auckland 토목공학과 교환교수(Visiting scholar)
- 고려대 건축공학과 대학원 졸업(건축구조공학 전공 박사과정 수료)

주요 저서
- 건축직 건축구조 기본서(박문각)
- 건축직 실전 동형 모의고사(박문각)
- 토목직 응용역학 기본서(박문각)
- 토목직 토목설계 기본서(박문각)
- 토목직 실전 동형 모의고사(박문각)
- 철근콘크리트조 배근표준화(기문당)
- 철근선조립공법(기문당)
- 건축구조 토질기초의 AtoZ(기문당)
- 교육부 공업계고교 건축과 교과서(제6차교육과정) 집필(저자)
- 건축 및 토목기술 관련 연구보고서(복합구조 내진설계기법연구 등) 40여권 저술
- 대한건축학회, 토목학회, 콘크리트학회 등 연구논문(정착길이 기준연구 등) 30여편 발표

차민휘 교수

주요 약력
- 現. 박문각 공무원 건축직 대표강사
- 건축학 전공, 건축공학 박사
- 건축 관련 연구 및 국립대 출강

주요 저서
- 건축직 실전 동형 모의고사(박문각)

공무원 건축직
실전⊕동형 모의고사

초판 인쇄 | 2025. 5. 2.   **초판 발행** | 2025. 5. 7.   **공편저** | 김현·차민휘

발행인 | 박 용   **발행처** | (주)박문각출판   **등록** | 2015년 4월 29일 제2019-000137호

주소 | 06654 서울시 서초구 효령로 283 서경 B/D 4층   **팩스** | (02)584-2927

전화 | 교재 문의 (02)6466-7202

저자와의
협의하에
인지생략

정가 14,000원
ISBN 979-11-7262-803-1

2026년도 9급 공무원 공개경쟁채용시험 필기시험 답안지

컴퓨터용 흑색사인펜만 사용	응 시 번 호	주 민 등 록 번 호	책 형	※ 시험감독관 서명 (성명을 정자로 기재할 것)

성 명	
자필성명	본인 성명 기재
응시직렬	
응시지역	채용관리 과 장 인
시험장소	

적색 볼펜만 사용

【필적감정용 기재】
* 아래 예시문을 옮겨 적으시오
좌측 응시자와 동일함

기 재 란

주민등록번호: - * * * * * * *

문번	제1회
1	① ② ③ ④
2	① ② ③ ④
3	① ② ③ ④
4	① ② ③ ④
5	① ② ③ ④
6	① ② ③ ④
7	① ② ③ ④
8	① ② ③ ④
9	① ② ③ ④
10	① ② ③ ④
11	① ② ③ ④
12	① ② ③ ④
13	① ② ③ ④
14	① ② ③ ④
15	① ② ③ ④
16	① ② ③ ④
17	① ② ③ ④
18	① ② ③ ④
19	① ② ③ ④
20	① ② ③ ④

문번	제2회
1	① ② ③ ④
2	① ② ③ ④
3	① ② ③ ④
4	① ② ③ ④
5	① ② ③ ④
6	① ② ③ ④
7	① ② ③ ④
8	① ② ③ ④
9	① ② ③ ④
10	① ② ③ ④
11	① ② ③ ④
12	① ② ③ ④
13	① ② ③ ④
14	① ② ③ ④
15	① ② ③ ④
16	① ② ③ ④
17	① ② ③ ④
18	① ② ③ ④
19	① ② ③ ④
20	① ② ③ ④

문번	제3회
1	① ② ③ ④
2	① ② ③ ④
3	① ② ③ ④
4	① ② ③ ④
5	① ② ③ ④
6	① ② ③ ④
7	① ② ③ ④
8	① ② ③ ④
9	① ② ③ ④
10	① ② ③ ④
11	① ② ③ ④
12	① ② ③ ④
13	① ② ③ ④
14	① ② ③ ④
15	① ② ③ ④
16	① ② ③ ④
17	① ② ③ ④
18	① ② ③ ④
19	① ② ③ ④
20	① ② ③ ④

문번	제4회
1	① ② ③ ④
2	① ② ③ ④
3	① ② ③ ④
4	① ② ③ ④
5	① ② ③ ④
6	① ② ③ ④
7	① ② ③ ④
8	① ② ③ ④
9	① ② ③ ④
10	① ② ③ ④
11	① ② ③ ④
12	① ② ③ ④
13	① ② ③ ④
14	① ② ③ ④
15	① ② ③ ④
16	① ② ③ ④
17	① ② ③ ④
18	① ② ③ ④
19	① ② ③ ④
20	① ② ③ ④

문번	제5회
1	① ② ③ ④
2	① ② ③ ④
3	① ② ③ ④
4	① ② ③ ④
5	① ② ③ ④
6	① ② ③ ④
7	① ② ③ ④
8	① ② ③ ④
9	① ② ③ ④
10	① ② ③ ④
11	① ② ③ ④
12	① ② ③ ④
13	① ② ③ ④
14	① ② ③ ④
15	① ② ③ ④
16	① ② ③ ④
17	① ② ③ ④
18	① ② ③ ④
19	① ② ③ ④
20	① ② ③ ④

문번	제6회
1	① ② ③ ④
2	① ② ③ ④
3	① ② ③ ④
4	① ② ③ ④
5	① ② ③ ④
6	① ② ③ ④
7	① ② ③ ④
8	① ② ③ ④
9	① ② ③ ④
10	① ② ③ ④
11	① ② ③ ④
12	① ② ③ ④
13	① ② ③ ④
14	① ② ③ ④
15	① ② ③ ④
16	① ② ③ ④
17	① ② ③ ④
18	① ② ③ ④
19	① ② ③ ④
20	① ② ③ ④

문번	제7회
1	① ② ③ ④
2	① ② ③ ④
3	① ② ③ ④
4	① ② ③ ④
5	① ② ③ ④
6	① ② ③ ④
7	① ② ③ ④
8	① ② ③ ④
9	① ② ③ ④
10	① ② ③ ④
11	① ② ③ ④
12	① ② ③ ④
13	① ② ③ ④
14	① ② ③ ④
15	① ② ③ ④
16	① ② ③ ④
17	① ② ③ ④
18	① ② ③ ④
19	① ② ③ ④
20	① ② ③ ④

문번	제8회
1	① ② ③ ④
2	① ② ③ ④
3	① ② ③ ④
4	① ② ③ ④
5	① ② ③ ④
6	① ② ③ ④
7	① ② ③ ④
8	① ② ③ ④
9	① ② ③ ④
10	① ② ③ ④
11	① ② ③ ④
12	① ② ③ ④
13	① ② ③ ④
14	① ② ③ ④
15	① ② ③ ④
16	① ② ③ ④
17	① ② ③ ④
18	① ② ③ ④
19	① ② ③ ④
20	① ② ③ ④

문번	제9회
1	① ② ③ ④
2	① ② ③ ④
3	① ② ③ ④
4	① ② ③ ④
5	① ② ③ ④
6	① ② ③ ④
7	① ② ③ ④
8	① ② ③ ④
9	① ② ③ ④
10	① ② ③ ④
11	① ② ③ ④
12	① ② ③ ④
13	① ② ③ ④
14	① ② ③ ④
15	① ② ③ ④
16	① ② ③ ④
17	① ② ③ ④
18	① ② ③ ④
19	① ② ③ ④
20	① ② ③ ④

문번	제10회
1	① ② ③ ④
2	① ② ③ ④
3	① ② ③ ④
4	① ② ③ ④
5	① ② ③ ④
6	① ② ③ ④
7	① ② ③ ④
8	① ② ③ ④
9	① ② ③ ④
10	① ② ③ ④
11	① ② ③ ④
12	① ② ③ ④
13	① ② ③ ④
14	① ② ③ ④
15	① ② ③ ④
16	① ② ③ ④
17	① ② ③ ④
18	① ② ③ ④
19	① ② ③ ④
20	① ② ③ ④

2026년도 9급 공무원 공개경쟁채용시험 필기시험 답안지

문번	제1회
1	① ② ③ ④
2	① ② ③ ④
3	① ② ③ ④
4	① ② ③ ④
5	① ② ③ ④
6	① ② ③ ④
7	① ② ③ ④
8	① ② ③ ④
9	① ② ③ ④
10	① ② ③ ④
11	① ② ③ ④
12	① ② ③ ④
13	① ② ③ ④
14	① ② ③ ④
15	① ② ③ ④
16	① ② ③ ④
17	① ② ③ ④
18	① ② ③ ④
19	① ② ③ ④
20	① ② ③ ④

문번	제2회
1	① ② ③ ④
2	① ② ③ ④
3	① ② ③ ④
4	① ② ③ ④
5	① ② ③ ④
6	① ② ③ ④
7	① ② ③ ④
8	① ② ③ ④
9	① ② ③ ④
10	① ② ③ ④
11	① ② ③ ④
12	① ② ③ ④
13	① ② ③ ④
14	① ② ③ ④
15	① ② ③ ④
16	① ② ③ ④
17	① ② ③ ④
18	① ② ③ ④
19	① ② ③ ④
20	① ② ③ ④

문번	제3회
1	① ② ③ ④
2	① ② ③ ④
3	① ② ③ ④
4	① ② ③ ④
5	① ② ③ ④
6	① ② ③ ④
7	① ② ③ ④
8	① ② ③ ④
9	① ② ③ ④
10	① ② ③ ④
11	① ② ③ ④
12	① ② ③ ④
13	① ② ③ ④
14	① ② ③ ④
15	① ② ③ ④
16	① ② ③ ④
17	① ② ③ ④
18	① ② ③ ④
19	① ② ③ ④
20	① ② ③ ④

문번	제4회
1	① ② ③ ④
2	① ② ③ ④
3	① ② ③ ④
4	① ② ③ ④
5	① ② ③ ④
6	① ② ③ ④
7	① ② ③ ④
8	① ② ③ ④
9	① ② ③ ④
10	① ② ③ ④
11	① ② ③ ④
12	① ② ③ ④
13	① ② ③ ④
14	① ② ③ ④
15	① ② ③ ④
16	① ② ③ ④
17	① ② ③ ④
18	① ② ③ ④
19	① ② ③ ④
20	① ② ③ ④

문번	제5회
1	① ② ③ ④
2	① ② ③ ④
3	① ② ③ ④
4	① ② ③ ④
5	① ② ③ ④
6	① ② ③ ④
7	① ② ③ ④
8	① ② ③ ④
9	① ② ③ ④
10	① ② ③ ④
11	① ② ③ ④
12	① ② ③ ④
13	① ② ③ ④
14	① ② ③ ④
15	① ② ③ ④
16	① ② ③ ④
17	① ② ③ ④
18	① ② ③ ④
19	① ② ③ ④
20	① ② ③ ④

문번	제6회
1	① ② ③ ④
2	① ② ③ ④
3	① ② ③ ④
4	① ② ③ ④
5	① ② ③ ④
6	① ② ③ ④
7	① ② ③ ④
8	① ② ③ ④
9	① ② ③ ④
10	① ② ③ ④
11	① ② ③ ④
12	① ② ③ ④
13	① ② ③ ④
14	① ② ③ ④
15	① ② ③ ④
16	① ② ③ ④
17	① ② ③ ④
18	① ② ③ ④
19	① ② ③ ④
20	① ② ③ ④

문번	제7회
1	① ② ③ ④
2	① ② ③ ④
3	① ② ③ ④
4	① ② ③ ④
5	① ② ③ ④
6	① ② ③ ④
7	① ② ③ ④
8	① ② ③ ④
9	① ② ③ ④
10	① ② ③ ④
11	① ② ③ ④
12	① ② ③ ④
13	① ② ③ ④
14	① ② ③ ④
15	① ② ③ ④
16	① ② ③ ④
17	① ② ③ ④
18	① ② ③ ④
19	① ② ③ ④
20	① ② ③ ④

문번	제8회
1	① ② ③ ④
2	① ② ③ ④
3	① ② ③ ④
4	① ② ③ ④
5	① ② ③ ④
6	① ② ③ ④
7	① ② ③ ④
8	① ② ③ ④
9	① ② ③ ④
10	① ② ③ ④
11	① ② ③ ④
12	① ② ③ ④
13	① ② ③ ④
14	① ② ③ ④
15	① ② ③ ④
16	① ② ③ ④
17	① ② ③ ④
18	① ② ③ ④
19	① ② ③ ④
20	① ② ③ ④

문번	제9회
1	① ② ③ ④
2	① ② ③ ④
3	① ② ③ ④
4	① ② ③ ④
5	① ② ③ ④
6	① ② ③ ④
7	① ② ③ ④
8	① ② ③ ④
9	① ② ③ ④
10	① ② ③ ④
11	① ② ③ ④
12	① ② ③ ④
13	① ② ③ ④
14	① ② ③ ④
15	① ② ③ ④
16	① ② ③ ④
17	① ② ③ ④
18	① ② ③ ④
19	① ② ③ ④
20	① ② ③ ④

문번	제10회
1	① ② ③ ④
2	① ② ③ ④
3	① ② ③ ④
4	① ② ③ ④
5	① ② ③ ④
6	① ② ③ ④
7	① ② ③ ④
8	① ② ③ ④
9	① ② ③ ④
10	① ② ③ ④
11	① ② ③ ④
12	① ② ③ ④
13	① ② ③ ④
14	① ② ③ ④
15	① ② ③ ④
16	① ② ③ ④
17	① ② ③ ④
18	① ② ③ ④
19	① ② ③ ④
20	① ② ③ ④